サンゴの白化

—失われるサンゴ礁の海と そのメカニズム—

中村　崇・山城秀之

共編著

成山堂書店

まえがき

　初めて本書を手に取るかたへ。

　現在サンゴの研究者となっている私が、「サンゴ」という生物について興味を持つことになった最初のきっかけは、大学3年の時に手にした一冊の本でした。

　その頃の私は将来何をしようか決めきれないまま、なんとなく毎日を過ごしていました。子供のころから海に近い場所で育っていたので、海の生物に対する興味は多少もってはいましたが、当時「サンゴ」という言葉から想像できたのは、ピンク色や紅色のいわゆる宝石サンゴくらいでした。

　なんとなく手に取ったその本には、小さいながらもクローンを増やすことで大きな「群体」になり、様々な生物に利用されながら生き、死んだ後もその骨が数百から数千年にわたって堆積してサンゴ礁という大きな地形となること、さらにサンゴ礁域では人々の生活にかけがえのない存在として残ること、そして最後にはサンゴ礁生態系という多様な生物と環境が創り出すシステムについて紹介されていました。当時、「サンゴ」と「サンゴ礁」の区別もつかなかった一学生であった私にとって、その本の内容は一気に世界を広げてくれるのと同時に、将来の方向性を絞り込むための重要な役割を果たしたと思っています。

　本書では「白化」というトピックを中心としつつも、サンゴの生物学的基礎から始まり、世界的に頻発化しつつある大規模なサンゴ白化現象についての報告やその生理学的メカニズムについての理解、さら

にサンゴ礁保全にかかる課題などを、各分野の専門家である著者らが
わかりやすく解説しています。

　本書が、皆様の中で何か新しい知を求める欲求をたぎらせ、何らか
の行動につながるきっかけの一つになれば幸いです。

　2020年1月

琉球大学理学部海洋自然科学科生物系　准教授

中村　崇

目　次

1章　サンゴの基礎知識 2

2章　造礁サンゴの種類と生態　　　　　　*42*

3章　なぜサンゴは白化するのか　64

6章　サンゴ礁と人間社会のかかわり方　*138*

編者・執筆者の紹介と執筆分担（執筆した章順）

※本書全体で、特に断りのない限り、図・写真の著作権は各執筆者にあります。

波利井 佐紀（はりい さき）〔1章1-1～1-3〕
琉球大学熱帯生物圏研究センター瀬底研究施設 准教授

岩瀬 文人（いわせ ふみひと）〔1章1-4, 1-5〕
四国海と生き物研究室 代表

深見 裕伸（ふかみ ひろのぶ）〔2章〕
宮崎大学農学部海洋生物環境科 教授

高橋 俊一（たかはし しゅんいち）〔3章（共著）〕
大学共同利用機関法人 自然科学研究機構基礎生物学研究所 准教授

中村 崇（なかむら たかし）〔編者，3章（共著），6章（共著）〕
琉球大学理学部海洋自然科学科 准教授

木村 匡（きむら ただし）〔4章〕
一般財団法人自然環境研究センター 上席研究員

山城 秀之（やましろ ひでゆき）〔編者，5章〕
琉球大学熱帯生物圏研究センター瀬底研究施設 教授

池田（旧姓：小島）香菜（いけだ かな）：6章〔共著〕
琉球大学大学院理工学研究科院生（執筆時），「NPO法人 海の再生ネットワークよろん」事務局長

サンゴの白化

1章 サンゴの基礎知識

1-1 サンゴという生き物

（1）サンゴとサンゴ礁を造る生き物

　熱帯や沖縄などの亜熱帯地方へ行くと真っ白な砂浜が広がっていますが、なぜ白いのでしょうか（写真1-1）。それは、サンゴの骨格や貝の殻、ウニ、石灰藻など硬い体の生物が死んだ後に残した石灰の殻が海流で砕かれ海岸に打ち上げられているからです（写真1-2）。それらの死骸が数千年という長い年月をかけて、幾重にも積み重なってできる地形をサンゴ礁と言い、サンゴ礁を形成する代表的な生き物がサンゴです。そしてサンゴ礁を造るサンゴを造礁サンゴと呼びます(写真1-3)。

　造礁サンゴは、褐虫藻（かっちゅうそう）と呼ばれる単細胞の藻類と共生しています（写真1-4）。造礁サンゴの中には、サンゴ礁域以外の温帯域や泥地に棲息し、褐虫藻と共生していてもサンゴ礁を形成しない種もいます。そのため、近年では褐虫藻を持っているイシサンゴ類全般を「有藻性イシサンゴ類」と呼ぶことが多くなっています（一般的に"造礁サンゴ"と呼ばれているもののほとんどはイシサンゴ目に属しています）。

　サンゴ礁を形成する生き物として他には、有孔虫（ゆうこうちゅう）や石灰藻類、貝類などがいます。有孔虫はアメーバと同じ原生動物の仲間です。これらが死ぬと小さな砂粒となり積み重なっていきます（写真1-5）。土産

写真1-1 沖縄県石垣島の真っ白な
　　　　砂浜。

写真1-2 サンゴや貝類の死骸が
　　　　堆積した海浜。

写真1-3 サンゴ礁を形成する造礁
　　　　サンゴ（有藻性サンゴ）。

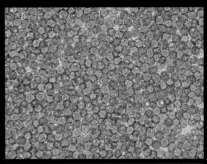

写真1-4 サンゴ体内の褐虫藻。
　　　　直径10マイクロメートル。

写真1-5 主に死んだ有孔虫が堆
　　　　積した砂浜。（沖縄県西表島）

写真1-6 ピンク色をしている石灰
　　　　紅藻の仲間。
（写真提供：琉球大学Frederic Sinniger）

物店で見かける「星の砂」は、有孔虫が死んで残った殻なのです。石灰藻類は炭酸カルシウムに富んでいる藻類であり、サンゴ礁では紅藻の仲間であるサンゴモなどが見られます（p.3写真1-6）。

（2）造礁サンゴの仲間

サンゴは、動き回らず陸上の木のように枝分かれしているので植物と思われることも多いようですが、クラゲやイソギンチャク（写真1-7①②）に近い「刺胞動物」です。サンゴ礁でみられるサンゴの多くは、花虫綱六放サンゴ亜綱イシサンゴ目に属します。六放サンゴ亜綱は、触手や隔壁とよばれる体内を仕切る骨の板が6の倍数になっている特徴を持つグループで現在、世界では、そのうち造礁サンゴが約800種類ほどいるといわれています（p.6図1-1）。

造礁サンゴはイシサンゴ目以外にもいます。例えば、触手が8本あるのが特徴の花虫綱八放サンゴ亜綱では、アオサンゴ目（写真1-8）やクダサンゴがあげられます。一方、宝石に使われている八放サンゴ亜綱の仲間（宝石サンゴ）は褐虫藻を持っておらず、造礁サンゴとは区別されています（写真1-9）。この他、ヒドロサンゴはヒドロ虫綱に属します（写真1-10）。褐虫藻を持ち大きな骨格を作るのでサンゴ礁の形成に役立ち、他のサンゴに比べると刺胞毒が強くファイヤーコーラルと呼ばれます。

（3）サンゴの構造

刺胞動物のグループに属する生き物たちには、2つの共通点があります。1つはその名前にあるように「刺胞」を持っていることです。刺胞は、毒針で外部から刺激を受けると刺糸が飛び出して、相手を攻

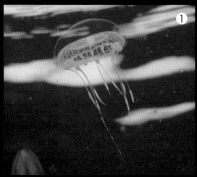

写真1-7 サンゴと同じ刺胞動物の仲間。①クラゲ。②イソギンチャク。

（クラゲの写真提供：琉球大学 Frederic Sinniger）

写真1-8
アオサンゴ
（*Heliopora coerulea*）。

写真1-9 宝石サンゴの仲間ベニサンゴ
（*Corallium rubrum*）。（地中海）

（写真提供：琉球大学 Frederic Sinniger）

写真1-10 ヒドロサンゴ類
アナサンゴモドキ
（*Millepora* sp.）。

（写真提供：琉球大学 Frederic
Sinniger）

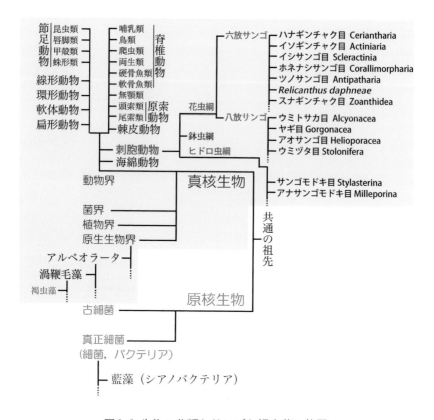

図1-1 生物の分類とサンゴと褐虫藻の位置。
(出典：『サンゴ 知られざる世界』山城秀之,2016,)

撃（餌をとらえたり、身を守るため）します。クラゲに刺されてかゆくなったり痛くなったりした経験はないでしょうか。これは刺胞に刺されたためです。刺胞は刺細胞と呼ばれる細胞が作り、未使用時には細胞内に収まっています（図1-2写真1-11①②）。

　ヒドロ虫の仲間は、刺激を受けてから対象物に刺胞先端が刺さるまでに1千万分の7秒と驚くべき速さを誇ります[11]。そのため、刺さる

11) Nüchter *et al.*, 2006

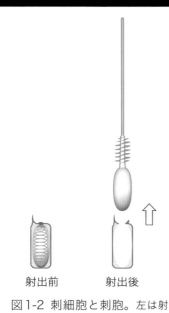

図1-2 刺細胞と刺胞。左は射出前の状態で刺糸が細胞内部に収まっている。右は射出後の刺胞。刺糸は素早く反転して内部から出てくる。

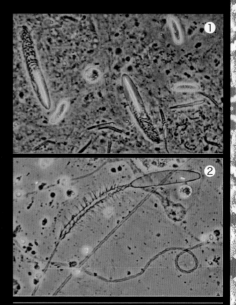

写真1-11 アザミサンゴ（*Galaxea fascicularis*）の刺胞。
① 射出前。② 射出後。
（写真提供：琉球大学名誉教授 日高道雄）

写真1-12 サンゴのポリプ。① ミドリイシ属サンゴ（*Acropora* sp.）の枝の先端のポリプ。穴の中から触手が出ている様子がわかる。② アザミサンゴ属サンゴ（*Galaxea* sp.）の複数のポリプ。
（写真提供 Giovanni Casari，Azzurro）

力が大変強く、甲殻類など硬い殻を持つ動物にも刺胞を打ち込むことができます。一度射出した刺胞は再度使えませんが、刺細胞が新たに細胞を作り次の機会に備えます。刺胞には、巻き付くもの、粘着性を持つものなど様々なタイプがあります。また、形も細長い、太い、小さいなど形もいろいろあり、サンゴの種類によって異なります。

　もう1つは体の構造です。「ポリプ」という小さな個体がくっつきあったものがサンゴと呼ばれ、イソギンチャクのように固着して触手を広げています（図1-3p.7写真1-12①②）。

　ポリプの構造は、よく巾着袋に例えられますが、それは基本構造が袋状だからです。この構造に由来して、以前は刺胞動物を有櫛動物とあわせて腔腸動物（食べ物と排せつ物が同じ口から出入りする）

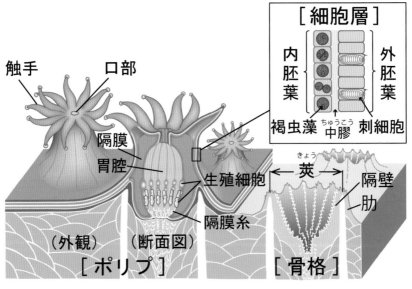

図1-3 サンゴのポリプと骨格の基本構造。

写真1-13 クラゲを逆さにすると（左：タコクラゲ *Mastigias papua*）、
サンゴのポリプと似ている（右：アザミサンゴ *Galaxea fascicularis*）。
（タコクラゲの写真提供：黒潮生物研究所 戸篠 祥）

と呼んでいました。

　では、ポリプのイメージをつかんでいただくため、基本的な体の形
について説明していきます。まず、クラゲを想像してください。クラ
ゲは、お椀状の軟らかい傘から触手と呼ばれる手が出ています。その
クラゲを逆さにして、やや小さめで海底に固着させるとイソギンチャ
クに似てきませんか（写真1-13）。これがポリプの形態となります。

　サンゴの軟体部は、数ミリメートル程度の大きさのクローンででき
た無数のポリプ同士をつなげた集合体の構造になっていて、これらポ
リプの下に硬い骨（骨格）を作っているのです（図1-3）。軟体部が
さらに仲間のポリプやポリプの下に骨格を作りながら大きくなってい
きます。多くのサンゴは複数のポリプが互いにつながっている「群体

性」ですが、ポリプが１つの「単体性」サンゴも存在します。

　次にポリプの構造を見てみましょう。ポリプの上部中央には口部となる孔が空いており、その周辺には輪のような形で触手が伸びています。サンゴは触手で動物プランクトンを捕え口に運びます。口の下には胃が続き、胃では餌の消化や吸収、排せつなどが行われます。六放サンゴの場合、胃の壁面は「隔膜」と呼ばれるひだ状の仕切りが６枚、または６の倍数で口部から放射状に伸びていて、隔膜内では生殖細胞が作られます（ただし、八放サンゴの場合隔膜は８枚のみ）。隔膜の縁には「隔膜糸」があります。隔膜糸は刺胞の他、腺細胞を含み、消化や吸収を行っています。

　最後に細胞の構造を見てみましょう。サンゴは２細胞層で体が構成される二胚葉性の動物です（p.8図1-3右上）。ポリプは外胚葉と内胚葉の２つの細胞層からできており、その間は中膠と呼ばれます。口側の外胚葉には刺細胞が分布しており内胚葉の細胞内には褐虫藻が共生しています。ポリプの下側（骨格側）の外胚葉は、造骨層と呼ばれ石灰化に関与している造骨細胞が並んでいて、この細胞が骨格を形成しています。

（4）サンゴ礁の地形

　サンゴ礁には、裾礁、堡礁、環礁の３つの形があります（写真1-14）。これらの特徴と代表的な場所を紹介します。

1）裾礁：陸地から海側に接して幅数10メートル〜１キロメートルほどのサンゴ礁が海岸沿いに発達します。沖縄のサンゴ礁など日本に最も多いタイプです（写真1-14①）。

2）堡礁：地殻変動や海水面の上昇などによって裾礁が沈み、海底が

① 裾礁：
沖縄県石垣島。

礁池

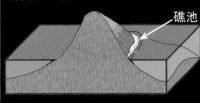

② 堡礁：
グレートバリアリーフ（大堡礁・オーストラリア）の一部。（出典：NASA）

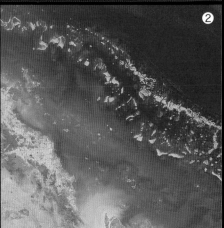

礁湖

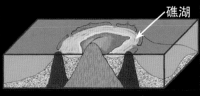

③ 環礁：
ヌクオロ環礁（ミクロネシア連邦）。
（出典：NASA）

礁湖

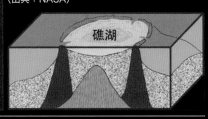

写真1-14　サンゴ礁3つのタイプ。（図の出典：『サンゴ 知られざる世界』山城秀之，2016）

深くなっていくと、サンゴは生きるために上へ成長していき、陸地
との間には10 ～ 100メートルの深い礁湖（ラグーン）が形成され
ます。堡礁はバリアリーフといい、オーストラリア北東部にはグレー
トバリアリーフと呼ばれる大堡礁があり、その全長は2,300キロ
メートルにもおよびます（p.11写真1-14②）。

3）環礁：上から見るとリング状になっているサンゴ礁で、礁の内側
は深くなっています。主に太平洋のミクロネシアや、フランス領ポ
リネシアの島々などに分布しています（p.11写真1-14③）。海洋
のサンゴ礁の多くは、火山島の周辺にできたサンゴ礁が長い年月を
かけて大陸のプレートの移動とともに沈み込んだ際、サンゴ礁だけ
が海面方向に成長してできました。これはダーウィンが初めて提唱
した「沈降説」で、様々な場所で検証され今も支持されています。

1-2 サンゴの増え方

（1）サンゴの生活史

サンゴは、有性生殖と無性生殖によって増えていきます（図1-4）。
受精卵がプラヌラ（刺胞動物の赤ちゃん）と呼ばれる幼生になり海洋
を漂った後、海底に定着しポリプとなります。形を変えて固着生活に
入ると自由に動くことができないため、幼生の浮遊期が唯一移動でき
る重要な時期ということになります。その後、サンゴは骨格を作り、
ポリプを無性的に増やしながら群体を形成し成長します。ある程度大
きくなるとサンゴは新たに有性生殖を行うようになります。フィリピ
ンでは、ハイマツミドリイシ*Acropora millepora*が定着後3年、沖

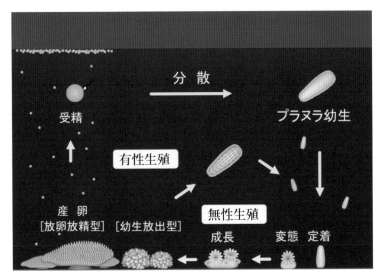

図1-4 サンゴの生活史。

縄ではウスエダミドリイシ*A. tenuis*が定着後4年で成熟し次の世代を作ります[2,9]。

（2）有性生殖

　有性生殖は、卵と精子が一斉に放出され海中で受精する放卵放精型とサンゴの中で受精して海中に幼生が放出される幼生保育型の2つがあります（図1-4）。

　サンゴは種類によって雌雄同体、雌雄異体があり、多くは雌雄同体なので、同一のポリプが卵も精子も作ります（p.15写真1-15）。群体性のサンゴの場合、1つのサンゴは同一の遺伝子を持つクローンでできたポリプの集まりなので、ポリプの性＝群体の性となります。

　雌雄異体のサンゴは、同一の種で雄または雌がそれぞれ放精、放卵

2) Baria *et al.*, 2012、9) Iwao *et al.*, 2010

をします。ハマサンゴ*Porites*属やクサビライシFungiidae科のサンゴが該当します。最近では、単体サンゴで雌雄異体のクサビライシが雄から雌に性転換することが分かってきました[10]。

① 放卵放精型の産卵

サンゴの産卵時期は種と地域によって異なります。放卵放精型のサンゴの多くは年に一度、晩春から初夏にかけて、一斉に産卵します（写真1-16①②）。オーストラリアのグレートバリアリーフでは、満月から下弦の月の間に100種を越えるサンゴが一斉に産卵します[6]。

産卵では、複数の卵と精子が混ざった「バンドル」と呼ばれる塊がポリプの口から放出されます（写真1-16③）。海面で卵と精子に分かれ、他の群体から放出された卵や精子と受精します[1]。バンドルには独特のにおいがあり、産卵が起こった日には辺り一帯がよくそのにおいに包まれ、またその翌朝にはスリックと呼ばれるピンク色をした卵の集積帯を見ることがあります（写真1-16④）。

日本周辺ではいつ頃サンゴの一斉産卵が見られるのでしょう。サンゴ礁でよくみられるミドリイシ属サンゴの場合、緯度によって産卵時期は変わりますが、これは、主に水温が異なるためです。黒潮の南に位置するフィリピンでは、ミドリイシ属サンゴが2月〜3月頃に産卵します[a]。さらに北の八重山諸島では4月下旬〜5月、沖縄では5月下旬〜6月、高知、南紀白浜付近では7月〜8月下旬と南から北へと約1か月ずつ遅れて産卵が起こります。

---

1) Arai *et al*., 1993、6) Harrison *et al*., 1984、10) Loya and Sakai, 2008、a) Baria MVB 私信

写真1-15 ニホンアワサンゴ
（*Alveopora japonica*）
の生殖細胞の組織標本。
（モノクロ写真をカラー化）
この種は雌雄同体で卵母細
胞と精巣が隔膜内に発達し
ます。
（出典：Harii et al. 2001,
Springer Nature より許可を
得て転載）

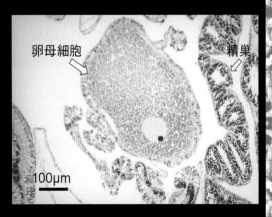

卵母細胞

精巣

100µm

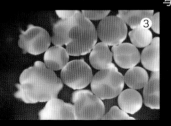

写真1-16 サンゴの産卵。① ウスエダミドリイ
シ（*Acropora tenuis*）の産卵。夜、ピンク色
のバンドルがポリプの口から放たれます。②
バンドルが海面に浮上した様子（ハイマツミド
リイシ *Acropora millepora*）。③ ウスエダミ
ドリイシの複数のバンドル。１つのバンドルは
複数のピンク色の卵と白い精巣が塊になってで
きています。④ 一斉産卵の翌日に海岸でみら
れたスリック（オーストラリア Heron 島）。

② 幼生保育型の産卵

幼生保育型は、年に一度、産卵する放卵放精型とは違って、年に数回から12回幼生を放出します。六放サンゴでは、ハナヤサイサンゴ科のハナヤサイサンゴ *Pocillopora damicornis*、ショウガサンゴ *Stylophora pistillata*、トゲサンゴ *Seriatopora hystrix* が代表例です。ハナヤサイサンゴでは、パラオやハワイなどの熱帯域では1年にわたり毎月幼生を放出しますが、より高緯度の沖縄では水温差の関係から放出は5月〜12月の期間となります[28]。

八放サンゴに属するアオサンゴも雌雄異体の幼生放出型です（写真1-17①②）。六放サンゴとは異なり年に一度生殖時期になると雌ポリプ体表の横で、一時的にゼリー状の膜に包まれた幼生を保育します。保育期間中は、雌群体の表面が半透明のポリプと幼生で全体に白く見えます（写真1-17③④）。そして数日後にここから幼生が伸縮を繰り返しながら海中に浮遊していきます[5]（写真1-17⑤⑥）。

（3）無性生殖

固着したポリプは、炭酸カルシウムでできた骨格を形成し、無性的にクローンのポリプを作り増えていきます。ポリプは主に出芽により増えます。出芽にはいくつかの方法がありますが、大きくはポリプの外側に新しくポリプができる「触手環外出芽」と内側に新しく芽ができ新しいポリプとして増えていく「触手環内出芽」に分けられます（p.19写真1-18①②）。このほかにもポリプが骨格から抜け出し分散する方法やワレクサビライシ *Cycloseris distorta* のように骨格が割れて個体を増やしていくものもいます。どのように増殖するかは、サンゴの種類により遺伝的に決まっています。

5) Harii and Kayane, 2003、28) 山里 他, 2008

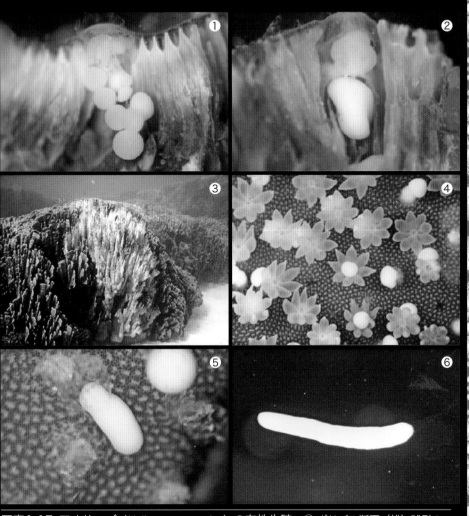

写真1-17 アオサンゴ（*Heliopora coerulea*）の有性生殖。① ポリプの断面（雄）球形の
精巣がいくつかブドウの房状になっている。②ポリプの断面（雌）半透明の触手の下に白い
卵母細胞が１つみられる。 ③ 幼生を保育している雌群体（中央の白い群体）（石垣島白保）。
④ 体表面で保育を開始した雌群体。中央はポリプの口から胚が出されたところ。⑤ 幼生が
出てきたところ。（④⑤はモノクロを写真をカラー化）
⑥プラヌラ幼生（長さ３ミリメートル）

（出典：④⑤ Harii et al. (2003) Springer Nature より許可を得て転載）

1-3 サンゴの成長と競争

(1) 群体の形状

　ポリプが増殖して群体が大きくなると群体形が明瞭になってきますが、サンゴの種類や棲息場所の環境によってその形状は、テーブル状、コリンボース状、樹枝状、葉状、被覆状、塊状など様々です（写真1-19）。

　サンゴ礁で優占するミドリイシサンゴは、主にテーブル状やコリンボース状、樹枝状になり、これらの仲間は年間10センチメートル程度と他のサンゴより比較的早く成長します（図1-19①〜③）。コモンサンゴ*Montipora*属は、主に樹枝状、葉状、被覆状です（図1-19④）。樹枝状の仲間は、波当たりのやや弱いところで大きな群体を作りますが、台風等で枝が折れることもあります。ハマサンゴ*Porites*属やキクメイシMerulinidae科の仲間は、塊状になることが多く、これらのサンゴは比較的ゆっくり成長します（図1-19⑤）。ハマサンゴ属の仲間は、年間1センチメートル程度しか成長しませんが、数百年以上も生きることができ大きいものは数メートルの高さにもなります。

　また、棲息環境の違いによっても形が変わります。波当たりが強いと太く強固になり弱いと細くなります。棲息水深も光の強さが変わるため、サンゴの形に影響します。浅い環境では塊状になるサンゴは、水深が深く光の弱い環境では扁平になります。棲息環境による形状の違いは、骨格を用いたサンゴの分類を複雑にしています。

 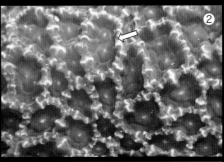

写真1-18 ポリプの増え方。
　① ポリプの外側から出芽している様子。アザミサンゴ (*Galaxea fascicularis*)。
　② ポリプの内側から出芽してわかれる様子。カメノコキクメイシ属（*Favites* sp.）。

写真1-19 サンゴの群体形。
　① テーブル状（ミドリイシ属*Acropora*）。
　② コリンボース状（ウスエダミドリイシ*Acropora tenuis*）。
　③ 枝状（ミドリイシ属*Acropora*）。
　④ 葉状（コモンサンゴ属*Montipora*）。
　⑤ 塊状（ハマサンゴ属*Porites*）。
　⑥ 単体性サンゴ（クサビライシ科Fungiidae）。

（2）生き残り競争

　サンゴは固着性で自由に移動できないため、他のサンゴが接近してくると戦って、自分の居住や光を確保します（写真1-20①②）。その攻撃方法は種によって様々です。

① 隔膜糸による攻撃

　ポリプ内の隔膜糸を口から吐き出し、相手の組織を消化します。例えば、成長の遅い塊状サンゴの仲間はこの方法で自分の場所を確保します（写真1-20①－③）。

② スイーパー触手による攻撃

　攻撃用の刺胞を含む通常よりも長い触手で近くのサンゴを攻撃します。アザミサンゴ（*Galaxea fascicularis*）などで見られます[7]（写真1-20④）。

③ 太陽光の争奪戦

　褐虫藻と共生している造礁サンゴは生きていくために太陽の光が必要なので、陰を作られると大きな影響を受けます。テーブル上のサンゴは、相手の上に拡がり、日陰にしてしまうことでダメージを与えます。自分が速く上に成長することで相手を覆い、光合成による栄養補給をできないようにするのです（写真1-20⑤）。

---

7) Hidaka and Yamazato, 1984

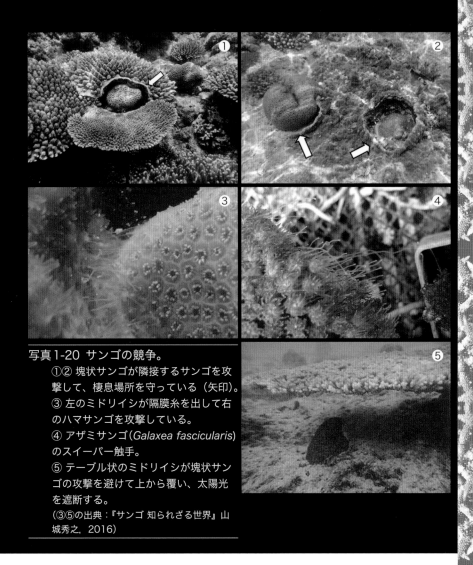

写真1-20 サンゴの競争。
　①② 塊状サンゴが隣接するサンゴを攻撃して、棲息場所を守っている（矢印）。
　③ 左のミドリイシが隔膜糸を出して右のハマサンゴを攻撃している。
　④ アザミサンゴ（*Galaxea fascicularis*）のスイーパー触手。
　⑤ テーブル状のミドリイシが塊状サンゴの攻撃を避けて上から覆い、太陽光を遮断する。
　（③⑤の出典：『サンゴ 知られざる世界』山城秀之，2016）

　このように棲息環境や成長の違い、サンゴ同士の競争によって多種多様なサンゴが共存し豊かなサンゴ礁生態系を作る基礎となっているのです。

1-4 サンゴと褐虫藻の関係

　世界中の海に棲息し、約1,600種が知られている[15]イシサンゴの
うち、およそ半分にあたる800種ほどは、褐虫藻と呼ばれる単細胞の
藻類と共生しています。褐虫藻は、渦鞭毛藻綱のギムノディニウム目
Gymnodiniales に属しています。爆発的に増殖して有毒な赤潮を引
き起こすカレニア・ミキモトイ *Karenia mikimotoi* や、麻痺性貝毒の
原因になるギムノディニウム・カテナートゥム *Gymnodinium
catenatum*（これを餌として食べ毒化した貝を人間が食べると食中毒
を起こす）などと近縁な藻類です。

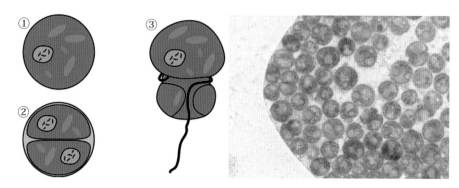

図1-5 褐虫藻の模式図（左）とサンゴと共生している褐虫藻（右）
①共生しているときは球形をしている（栄養細胞）。②分裂中。
③遊走細胞。鞭毛をもっている。（左図の出典：Freudenthal,1962[4]をもとに波利井が作成）

　イシサンゴと共生する褐虫藻には複数の種がありますが、みな葉緑
体をもち、光合成を行います。イシサンゴは褐虫藻に安全な場所と栄
養塩や二酸化炭素を提供し、褐虫藻は光合成によって生産した酸素と

4) Freudenthal, 1962、15) 内田, 1997

糖類などの有機物をイシサンゴのエネルギー源として提供する、という典型的な相利共生の関係にあるといわれています。相利共生とは、お互いに利益を得ることができる共生関係のことをいいます。もう少し詳しく説明しましょう。褐虫藻はサンゴの体内の安全で環境の良い棲み場所を得ると、遊泳するのをやめて、分裂によって増殖し、盛んに光合成を行います。そして、光合成産物の有機物うち、アルコールのグリセロール、糖類のグルコース、アミノ酸のアラニンなどを褐虫藻の体の外、すなわちサンゴの体内に放出します。サンゴから見ると、褐虫藻に棲み家を提供することにより、光を浴びるだけで生きていくためのエネルギーを得ることができるのです。

　さらに、褐虫藻との共生は、海水に溶けているカルシウムを、サンゴの骨格の成分である炭酸カルシウムとして固定しやすくなるイオン環境を整える役目も果たしています[26]。その結果、褐虫藻と共生するイシサンゴは、他のイシサンゴに比べて成長が非常に速くなります。また、サンゴは褐虫藻から受け取った光合成産物の余剰分を粘液などの形で体外へ放出しています。粘液には微生物が繁殖し、これらはサンゴを棲み家とする生物の餌になり、サンゴ礁の食物連鎖を形づくります。

　このように、褐虫藻と共生するイシサンゴは、美しいサンゴ礁の生態系の基盤をなす生物であり、莫大な量の炭酸塩を作り出して海底を被いつくし、サンゴ礁を形成する基礎的な役割を担っていることから「造礁サンゴ（hermatypic coral）」と呼ばれています。

　見方を変えれば、世界中に分布していたイシサンゴ類のうち、渦鞭毛藻との共生関係を獲得したものが、捕獲できる餌の量に左右されないで、生きていくためのエネルギーと造骨能力を得ることができるよ

26）藤村, 2016

コラム：造礁サンゴと有藻性サンゴ ─────────

　「造礁サンゴ」に含まれる種の範囲は、研究者により必ずしも一致していません（p.2、4参照）。イシサンゴ目の内で褐虫藻と共生しサンゴ礁を形成していると考えられる種と、イシサンゴ目と同じように硬い石灰質の骨格を形成し、褐虫藻と共生しているヒドロ虫綱アナサンゴモドキ属の複数種、花虫綱八放サンゴ亜綱アオサンゴ目のアオサンゴ、ウミトサカ目根生亜目のクダサンゴなども通常は「造礁サンゴ」と呼んでいます。また、造礁サンゴの中には、ある程度大きな群体を形成するもののサンゴ礁域には棲息せず、高緯度サンゴ群集域（p.32）にのみ分布するエダミドリイシ *Acropora pruinosa*（p.61写真2-9①参照）やオオナガレハナサンゴ *Cataphyllia jardinei*、単体性であることや群体サイズが小さいコハナガタサンゴ *Cynarina lacrymalis*（p.57写真2-8 (3)⑦）やキクメイシモドキ *Oulastrea crispata* のように、サンゴ礁の形成に貢献しない種もあります。

　そのため近年は、サンゴ礁形成に貢献しているかどうか、という曖昧な尺度で例外が多い「造礁性」の語を避けて、褐虫藻の有無だけを問題にする「有藻性サンゴ（zooxanthellate coral）」という語が使われることが増えてきています。ただし「有藻性サンゴ」には、いわゆる「造礁サンゴ」だけでなく、褐虫藻と共生するウミトサカ類（ソフトコーラル）などを含むことがあるので、「造礁サンゴ」と「有藻性サンゴ」は含まれる種の範囲が異なることに注意が必要です。アサノエダサンゴ *Madracis asanoi* のように褐虫藻が共生している群体としていない群体がある種もあります。

　なお、「造礁サンゴ」の対語は「非造礁サンゴ（ahermatypic coral）」、「有藻性サンゴ」の対語は「無藻性サンゴ（azooxanthellate coral）」になります。造礁・非造礁はサンゴについてのみ使われる語ですが、有藻性・無藻性は、有藻性二枚貝、有藻性イソギンチャクなどのように動物群に関わらず使われることがあります。

うになり、他の海底に棲む生物との競争に勝って爆発的に増殖したといえるのです。その結果として、生物が造り出す最大の地形「サンゴ礁」が形成されることになったと考えることができます。

写真1-21 群体性の造礁サンゴ類。①枝状造礁サンゴ類。② 塊状造礁サンゴ類。

写真1-22 単体性のサンゴ類。①単体固着性のハナタテサンゴ。
② 単体遊在性のアシナガサンゴの骨格。

サンゴ礁ができる海

（1）サンゴの生活様式

　サンゴの多くの種は海底の岩礁に固着して、触手を伸ばして動物性の餌をとらえて暮らしています。ひとことで言うと、石灰質の殻をもったイソギンチャクのような生物です。多くは群体性（p.25写真1-21）ですが、ハナタテサンゴ *Balanophyllia ponderosa*（p.25写真1-22①）のように単体で暮らすものもいます。

　また、クサビライシ *Lobactis scutaria*（p.19写真1-19⑥参照）のように初めは海底に固着して単体でキノコ型に成長しますが、上部のキノコの傘の部分が折れて砂質の海底で自由生活を送るようになるものや、終生海底に固着することなく水深100メートルより深い深海の砂底で暮らすアシナガサンゴ *Stephanocyathus*（*Acinocyathus*）*spiniger*（p.25写真1-22②）もいれば、ホシムシに背負われて砂泥底を移動するムシノスチョウジガイ *Heterocyathus aequicostatus* やスツボサンゴ *Heterosammia cochlea* など、サンゴの生活様式は様々です。

（2）サンゴの棲息地

① 棲む場所は褐虫藻が決めている

　褐虫藻が共生する動物は、サンゴのような刺胞動物が中心ですが、単細胞の有孔虫から海綿動物、扁形動物、軟体動物と多岐にわたっています（写真1-23、p.28表1-1）。これらの動物は、潮間帯から深海、

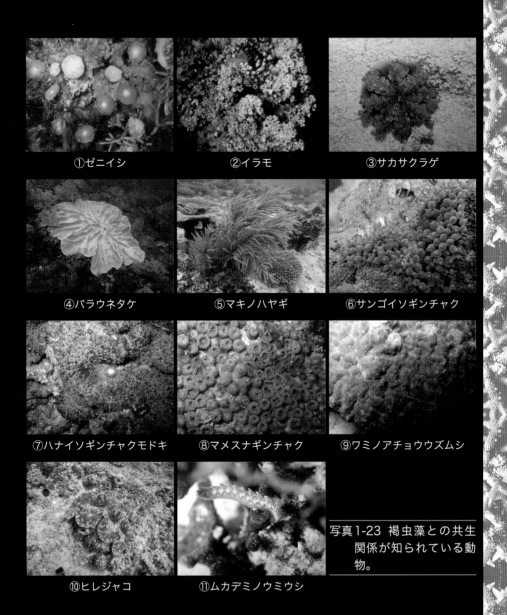

①ゼニイシ ②イラモ ③サカサクラゲ

④バラウネタケ ⑤マキノハヤギ ⑥サンゴイソギンチャク

⑦ハナイソギンチャクモドキ ⑧マメスナギンチャク ⑨ワミノアチョウウズムシ

⑩ヒレジャコ ⑪ムカデミノウミウシ

写真1-23 褐虫藻との共生関係が知られている動物。

表1-1　褐虫藻との共生関係が知られている動物（造礁サンゴを除く）

リザリア界 Rhizaria

有孔虫門 Foraminifera
　　タマウキガイ *Globigerina bulloides*、ホシスナ *Baculogypsina sphaerulata*、タイヨウノスナ *Calcarina* sp.、ゼニイシ *Marginopora* sp.（写真 1-23①）など

動物界 Animalia

海綿動物門 Porifera　尋常海綿綱 Demospongia　硬海綿目 Hadromerida
　　フウライカイメン *Spheciospongia inconstans* などセンコウカイメン科の数種
刺胞動物門 Cnidaria　鉢クラゲ綱 Scyphozoa
　　冠クラゲ目 Coronatae
　　　　イラモ *Stephanoscyphus racemosum*（写真 1-23②）など
　　根口クラゲ目 Rhizostmeae
　　　　タコクラゲ *Mastigias papua*、サカサクラゲ *Cassiopea ornate*（写真 1-23③）など
花虫綱 Anthozoa　八放サンゴ亜綱 Octocorallia　ウミトサカ目 Alcyonacea
　　根生亜目 Stolonifera
　　　　ツツウミヅタ *Clavilaria inflata*、ムラサキハナヅタ *Pachyclavularia violacea* など
　　ウミトサカ亜目 Alcyoniina
　　　　ウミトサカ科 Alcyoniidae（写真 1-23④）、チヂミトサカ科 Nephtheidae、ウミアザミ科 Xeniidae の多くの種
　　角軸亜目 Holaxonia
　　　　カリブ海に分布する種に多い。西太平洋海域ではマキノハヤギ *Plexaura flava*（写真 1-23⑤）、ムレヤギ *Rumphella aggregata* など
　　石灰軸亜目 Calcaxonia
　　　　セキコクヤギ *Isis hippuris*、リュウキュウミゾヤギ *Junceella fragilis* など
　　ウミエラ目 Pennatulacea
　　　　ミナミウミサボテン *Cavernulina orientalis* など
六放サンゴ亜綱 Hexacorallia
　　イソギンチャク目 Actiniaria
　　　　サンゴイソギンチャク *Entacmaea quadricolor*（写真 1-23⑥）、ハタゴイソギンチャク *Stichodactyla gigantea*、イボハタゴイソギンチャク *Stichodactyla haddoni* など多数
　　ホネナシサンゴ目 Corallimorpharia
　　　　ハナイソギンチャクモドキ *Discosoma bryoides*（写真 1-23⑦）、コワイソギンチャクモドキ *Ricordea fungiforme* など
　　スナギンチャク目 Zoantharia
　　　　マメスナギンチャク類 *Zoanthus* spp.（写真 1-23⑧）、イワスナギンチャク類 *Palythoa* spp.など
扁形動物門 Platyhelminthes　渦虫綱 Turbellaria　無腸目 Acoela
　　ワミノアチョウウズムシ *Waminoa litus*（写真 1-23⑨）など
軟体動物門 Mollusca　二枚貝綱 Bivalvia
　　ヒレジャコ *Tridacna squamosa*（写真 1-23⑩）をはじめとするシャコガイ類、リュウキュウアオイ *Corculum cardissa* など
　　腹足綱 Gastropoda　裸細目 Nudibranchia
　　　　オオコノハウミウシ *Phyllodesmium longicirrum*、ムカデミノウミウシ *Pteraeolidia semperi*（写真 1-23⑪）など

熱帯から極地までと広い範囲に分布しています。しかし、造礁サンゴの多くが温暖な海水温と比較的強い太陽光がある環境に棲息していて、他の有藻性動物（表1-1）もみな同じような環境に分布していることから、褐虫藻と共生する動物の棲息範囲を決めているのは、宿主の動物ではなく褐虫藻であると考えるのが妥当でしょう。

② 褐虫藻をもたない宝石サンゴ、冷水性・深海性イシサンゴ

　もともと「サンゴ（珊瑚）」と呼ばれていたのは、六放サンゴ亜綱

写真1-24 宝石サンゴ。
　①シロサンゴ。②アカサンゴ。
　③モモイロサンゴ。
　（写真提供：国営沖縄記念公園（海洋博公園））

に属するイシサンゴではなく、八放サンゴ亜綱に属する「宝石サンゴ」でした。その中で最も浅い場所に棲息するのは地中海とその周辺の太平洋に分布するベニサンゴ *Corallium rubrum*（p.5写真1-9）（水深数メートル〜280メートル）、日本近海の太平洋に分布するシロサンゴ *Pleurocorallium konojoi*（p.29写真1-24①）とアカサンゴ *C. japonicum*（写真1-24②）は水深76〜280メートル、モモイロサンゴ *P. elatius*（写真1-24③）は水深100〜276メートル、ミッドウェー海域のシンカイサンゴ Coralliidae gen. sp.に至っては水深100〜1,500メートルの深海に棲息しています。これらのサンゴは、触手を広げてプランクトンや浮遊有機物を捕らえ、餌にしています。骨格が非常に緻密で、棲息する水温が低いこともあり、成長は極めて遅いことがわかっています[14]。

　一方、褐虫藻と共生しない無藻性のイシサンゴは、約800種が知られていて、熱帯・亜熱帯のサンゴ礁域から南極海まで、水深は潮間帯から深海までと広い範囲に棲息しています。イボヤギ *Tubastraea aurea* のように海岸線に近い砕波帯に棲息する種もありますが、どちらかというと冷水性・深海性です。大きさは数ミリメートルから数センチメートルと小さいものが多いのですが、ナンヨウキサンゴ *Tubastraea micrantha* のように高さ1メートルを超える大きさに成長するものもあります。光を必要としないので、多くは造礁サンゴや藻類との生存競争がない水深40メートル以深に棲息しています。南極の昭和基地近くの海底やアリューシャン列島の水深6,300メートルもの超深海層からの採集記録もあります。世界中のあらゆる海に分布していると言っても過言ではありません。

---

14) 岩崎・鈴木, 2008

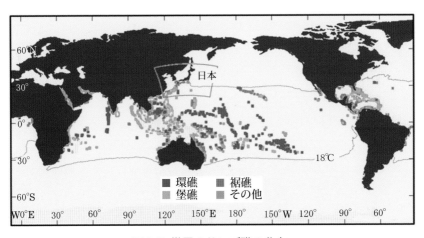

図1-6 世界のサンゴ礁の分布。
(出典：ReefBaseのデータに基づき、国立環境研究所が作成)

③ 日本の造礁サンゴの分布域

　造礁サンゴの分布域は、赤道を挟んで南北の緯度30度の範囲で、褐虫藻が十分に光合成を行える水深40m以浅が中心です（図1-6）。

　造礁サンゴの中には最寒月の水温が10℃近くまで下がっても成育できる種もありますが、多様な種によって構成されるサンゴ群集は最寒月の水温が14℃以上の海域に観られ、サンゴ礁の分布範囲は最寒月の水温が18℃以上である範囲とほぼ一致しています[29]。四国南西部に棲息するコブハマサンゴが水温18℃以下ではほとんど成長しないこと[3]と考え合わせると水温が18℃以下の海域では造礁サンゴや有孔虫などの有藻性動物の造骨作用が十分に促進されないためサンゴ礁が形成されないのだと考えられます。実際に日本でサンゴ礁地形が見られるのは、特異な壱岐のサンゴ礁を除けば北緯30度付近で最寒月の水温が18℃以上ある鹿児島県種子島以南となります。

3) Fallon *et al.*, 1999、29) 山野, 2008

　造礁サンゴ類の北限は、巨大な暖流「黒潮」の影響によって九州、四国から、太平洋岸では北緯35度付近の千葉県館山市まで[16]、日本海では佐渡島の北緯38度付近まで達しています[8]。これら高緯度で見られるサンゴ群集の中には、まるでサンゴ礁のような海中景観や種の多様性が見られる場所があるものの、基岩はあくまで火成岩や堆積岩で、サンゴ礁のような炭酸塩はごくわずかしか堆積せず、サンゴ礁は形成されていません。「サンゴ礁域」に対してこのような海域を「高緯度サンゴ群集域」といいます。

コラム：世界最北、壱岐のサンゴ礁 ────────

　福岡から北西に60kmあまり、日本海の南西の端に壱岐島があります。黒潮の影響で日本は世界で最も高緯度にまで造礁サンゴが分布していますが、さすがに九州の北岸では30種ほどが棲息するに過ぎません。ところがこの壱岐島で、2001年に世界最北のサンゴ礁が発見されました[13]。

　サンゴ礁は長年にわたって造礁サンゴなどの骨格が堆積し、さまざまな生き物の活動などによって堆積した骨格のすきまがセメントされて岩盤になり、それが海面近くまで達してできた地形のことを言います。サンゴ礁は主に熱帯〜亜熱帯の海に発達し、日本では種子島が北限だと言われてきました。サンゴ礁の海には多種多様な造礁サンゴが生育していますが、ほとんどの場合その大部分がミドリイシ属*Acropora*のサンゴで占められています。ミドリイシはスポンジ状の骨格でできた枝を伸ばして成長するため、他の種類のサンゴに比べて壊れやすいけれども大変早く大きくなることができます。そのため毎年大量の骨格ができ、台風などで壊れて堆積することによってサンゴ礁が形成されるのだと考えられます。

　ところが壱岐のサンゴ礁は、礁の上部は主にキクメイシ*Favia*やトゲ

8) Honma and Kitami, 1978、13) Yamano *et al.*, 2001、16) 江口, 1965

写真1-25 世界最北、特異な壱岐のサンゴ礁。
ミドリイシがほとんどおらず、①②塊状の大型のキクメイシやキッカサンゴ、③カワラサンゴが密生している。

キクメイシ *Cyphastrea*、カメノコキクメイシ *Favites* など塊状のサンゴでできており（写真1-25①②）、礁前縁の斜面にはキッカサンゴ *Echinophyllia* やカワラサンゴ *Lithophyllon* が密生していて（写真1-25③）、驚いたことにミドリイシはほとんど見られません。熱帯のサンゴ礁とはあまりにもかけ離れた景観です。

　通常サンゴ礁は冬期の最低水温が18℃以上の所にしかできないと言われていますが、壱岐のサンゴ礁では3月の平均水温が13℃台で、そのために多くのミドリイシは棲息することができず、サンゴ礁を構成する種は高緯度の内湾に棲息する塊状や葉状のサンゴが高い割合を占めています。

　サンゴ礁を構成する個々の塊状サンゴは直径1mを超える大きなものが多いのも壱岐のサンゴ礁の特徴です。サンゴ礁の厚さは3m以上あり、年代測定の結果、少なくとも1,400年以上前からサンゴ礁が形成されてきたものだとわかっています。

（3）造礁サンゴの成育に適している環境

　ひとくちに造礁サンゴといっても、夏季の水温が34℃になり塩分4.0％にもなる紅海から、最低水温が11℃を下回り秋季の塩分が3.3％に満たない瀬戸内海西部の伊予灘まで、サンゴ礁域の中でさえ外洋に面した礁斜面からマングローブ林の前面にある内湾の砂泥底まで、多様な環境に適応して多様な種が分化しているため、ひとくちに「造礁サンゴの成育に適している環境」といっても一様ではありません。

　ここでは、琉球列島など日本のサンゴ礁で最も典型的なサンゴ礁地形である「裾礁」（p.11写真1-14①参照）に見られるサンゴ群集が健全に成育することができる環境とはどんな環境なのか、具体的にどの程度の値が要求されるのかを、これまでの研究成果やサンゴを飼育している水族館・アクアリストなどの情報から整理してみました。

① 水　　温

　造礁サンゴが成育する上で最適な水温と成育可能な最低・最高水温は、サンゴの種によって異なると考えられます。この分野をまとめた研究はありませんが、一般的に自然環境下でサンゴが成育するための最適水温は25-29℃で、18-36℃の範囲でも多数のサンゴが活発に成育するといわれています[19]。各地の水族館や研究機関、趣味でサン

19）茅根, 1990

ゴを飼育する人達による経験的な値としては、最適水温は20-28℃、最低水温は14℃、最高水温は30℃であると考えられています。低水温による造礁サンゴの斃死の例としては、

1）1984年 和歌山県田辺[27]、和歌山県串本[18]
2）1991年 東京都八丈島[24]
3）1999年 沖縄県八重山群島黒島[20]
4）2017年3月 徳島県南部[b]
5）2018年1〜2月 和歌山県田辺[c]

などが挙げられます。八重山群島の例は水温の記載がありませんが、八丈島と串本の例では13-14℃の水温が継続したことによって多くのサンゴが白化から斃死したことが報告されています。ただし、エダミドリイシ*Acropora pruinosa*は10℃を下回ってもほとんど斃死が起こらないことが報告されており[27]、2017年と2018年の徳島県南部では、2月から3月に海水温が11℃を下回った影響で、スギノキミドリイシ*A. muricata*が全滅したにも関わらず、エダミドリイシには目立った白化や斃死は見られなかったことから、エダミドリイシは一般のミドリイシに比べて低温耐性が高いと考えられます。

　高水温によるサンゴの斃死については、1998年に世界的な規模で起きた大規模な白化の後、2010年に沖縄で、2016年に八重山で大規模白化と斃死が起きています。おおむね30℃を超える水温が継続するとサンゴの白化が起こり、この状態が長期間継続するとサンゴは斃死することが知られています。詳しくは4章を参照してください。

② 清 澄 度
　内湾性の海域に棲む一部の種を除いて、多くの造礁サンゴは懸濁粒

18）御前 , 1984、20）国際サンゴ礁研究・モニタリングセンター , 2000、
24）東京都 ,1991、27）福田 , 1984、b）岩瀬の観察、c）野村の私信

子の多い濁った海域では成育することができません。その理由としては、

　・懸濁粒子の摩擦によってサンゴの組織に損傷を与えられる。
　・光の透過を妨げてサンゴに充分な光があたらない。

があげられます。とくに後者の場合、褐虫藻の光合成を妨げるので、サンゴの栄養の不足をもたらしたり、成長を阻害したりします。粒子がサンゴの上に堆積すると、サンゴは繊毛と粘液を用いて堆積粒子を除去するために、相当のエネルギーを消費すると考えられていますし、程度によってはサンゴが埋まって代謝が阻害され、死亡することもあります。サンゴの種類によって懸濁耐性は異なっています。

③ 塩分濃度

　サンゴ類が海底を占める割合の多い海域は、塩分濃度が高いことが知られています。黒潮流域の外洋性沿岸水の塩分濃度は3.4-3.5％程度ですが、サンゴが成育する最適な塩分濃度は3.4-3.6％で、多種の造礁サンゴが成育する範囲は2.7-4.0％とされています[19]。サンゴ礁海域では、塩分濃度が低下する河口付近ではサンゴの成育量が減少し、結果としてリーフが発達しないために、河口の前面でリーフが途切れていることが多いのです。

④ 栄養塩

　サンゴは棲息している海の富栄養化によって成育が妨げられます。
　沖縄周辺で調査を行ったところ、海水の全窒素濃度が0.18mg/L以上だった7か所と、全リン濃度が0.006mg/L以上だった6か所の観測点では、ミドリイシ属がまったく出現せず、1群体だけ出現したとこ

17）大見謝　他, 2003、19）茅根, 1990

ろもが消失した後は、再出現しなかったとの報告があります[17]。

　沖縄の各地で、全窒素濃度、全リン濃度と海底のサンゴ被度の測定が行われています。その結果を詳しく分析する必要がありますが、健全なサンゴ群集が維持されるための栄養塩濃度は、おおむね全窒素濃度が0.1mg/L 以下、全リン濃度が0.01mg/L 以下であると考えて、それほど遠い数値ではないように思われます。

⑤ 光 環 境

　造礁サンゴ類は体内に共生している褐虫藻がもたらす光合成産物が、生きていくための主要な栄養源になっています。そのため、造礁サンゴ類にとって光は不可欠な環境要素です。

　サンゴに光を当てて酸素や二酸化炭素の収支を計測すれば、サンゴの見かけの光合成量を知ることができます。このような手法によって、造礁サンゴの種によって光量と光合成の関係が異なることや、同じ種でも成育している環境（明るいところにいる群体と暗いところにいる群体など）によってこの関係が異なることが分かっています[25]。また、サンゴの中には棲息場所の明るさによって群体の形を変え、光を受ける効率を変化させる種がありますが、サンゴ群集を維持するために必要な光量についての研究は少なく、十分な検討はされていません。

⑥ 流 　 速

　②清澄度の項で述べたように、サンゴは群体の上に堆積した粒子を除去するために相当のエネルギーを消費するのですが、適当な流速の水流があれば粒子は堆積することなく流れ去るため、この影響は軽減されます。水流の弱い水槽内で長期にわたって飼育されて成長したサ

25）西平 他, 1995

ンゴの群体形が、より細くより薄く変化することや、飼育する上で必要な水流の強さがサンゴの種によって異なることは、水族館やアクアリストの間ではよく知られています。しかしながら、サンゴの成育状況と流速の関係についての詳細な研究は見あたりません。

　健全な造礁サンゴ群集が維持されるために必要な環境条件について概要を述べてきました。近年は多くのサンゴ礁でこのような環境条件が維持できなくなり、サンゴ礁海域の富栄養化や懸濁物質の流入、病気の蔓延、オニヒトデなどサンゴを食害する生物の爆発的な増殖、そして高水温による深刻な白化などにより、2008年までには世界のサンゴ礁の55％がダメージを受けたと言われています[12]。これらの原因のほとんどは、人間活動にあると考えられます。私たちは、なぜサンゴの成育環境が失われたか、その原因を追及し、改善する努力を払わなければなりません。

コラム：なぜ「サンゴ」というのか

　日ごろ何気なく使っている「サンゴ」とは何のことを指す言葉なのでしょうか。テレビや新聞では、「サンゴ」と「サンゴ礁」、「イシサンゴ」と「造礁サンゴ」など、「サンゴ」にまつわる様々な語が間違った意味で使われていることが少なくありません。『広辞苑第六版』[21]によると、

さん-ご【珊瑚】
①サンゴ虫の群体の中軸骨格。広義にはサンゴ礁を構成するイシサンゴ類を含むが、一般にはモモイロサンゴ・アカサンゴ・シロサンゴなどの本サンゴ類の骨格をいう。装飾用などに加工。〈倭名類聚鈔 (11)〉
②〔生〕1を作る動物、すなわち八放サンゴ亜綱および六放サンゴ亜綱の花虫類。大部分の種類は群体を作り、海底に固着生活をする。

---

12) Wilkinson, 2008、21) 新村, 2008

とあります。

　近年では「サンゴ」というと、多くの人はサンゴ礁で見られるテーブルサンゴや枝サンゴのような、いわゆる造礁サンゴのことを思い浮かべるようになりました。しかし，もともと「サンゴ（珊瑚）」は、根付けや帯留めなどの装飾品として利用されてきた、いわゆる宝石サンゴ（写真1-26（右））につけられた名前でした。そのことは、「珊瑚色」がコーラルピンク—黄みがかった明るい赤色—を表わしていることからも明らかです。

　では、「珊瑚」という言葉にはどのような由来があるのでしょうか。これを知るには、日本人がどのように宝石サンゴと関わってきたのか、

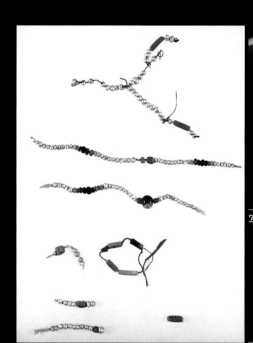

写真1-26　右：珊瑚の帯留め。
　　　左：礼服御 冠 残欠。日本最古の胡渡
　　　りサンゴを使用した管玉と丸珠。
　　　聖武天皇が天平勝宝四年（752年）に東
　　　大寺大仏の開眼会で使った礼冠の飾りに
　　　使われていたと伝えられる。「正倉院正倉」
　　　所蔵）（出典：宮内庁ホームページ：http://
　　　shosoin.kunaicho.go.jp/ja-）

その歴史をひもとく必要があります。

　宝石サンゴは，アカサンゴ，モモイロサンゴ、シロサンゴなど土佐沖、長崎沖、鹿児島沖、小笠原海域など日本近海を中心にした東アジア海域の深海から採取されるものというイメージがありますが、実は太平洋で宝石サンゴが採取されるようになったのは明治以降のことなのです。それまでは地中海やその周辺の大西洋に産するベニサンゴ *C. rubrum* が宝石として利用される唯一のサンゴでした。時代劇などで見られる簪や緒締めなどのサンゴは、全てはるばるヨーロッパから運ばれてきた輸入品です。現在でもこれらのサンゴは「胡渡り」サンゴと呼ばれて太平洋産のものとは区別されています。「胡渡り」とは、シルクロードを通って運ばれてきたものという意味です。p.39写真1-26（左）は，今も正倉院北倉に収蔵されている奈良時代の胡渡りサンゴの宝飾品です[23]。

①「珊瑚」の文字の起源について

　「珊瑚」という文字は宝飾品と共に中国から伝来したものです。しかしその文字の起源については定説がなく、辞書によって記述はまちまちです。

　「サンゴ（珊瑚）の中国語名は、アラビア語系の「シャン、ジャン、ジョン」などの語音を、この音に似た漢字「册」に当てはめ、これに西域を指す「胡」をつなぎ、貴重な宝玉だからと、両方に玉偏をつけて形声して、中国語音でシャンフーと唱えたところからはじまったのではあるまいか。そして、その漢字が日本に入って「サンゴ」と音読されて今日に至ったのであろう。」[22] という説明が、私が知る限り最も納得できる説明だと思います。

②イシサンゴの語源

　イシサンゴのことを指す方言として、高知県南西部の土佐清水市や大

22）鈴木, 1999、23）鈴木, 2002

月町ではハガサ、和歌山県の串本ではサビ、沖縄県八重山地方ではウルという言葉があります。もともと日本ではイシサンゴのことを「サンゴ」とは呼んでいなかったのでしょう。ところが江戸末期から明治にかけて西洋から自然科学の考え方がどしどし輸入されるようになりました。西洋の論文に出てくる専門用語に日本語の訳語が作られていきます。

　宝石サンゴはラテン語でCorallium、英語ではCoral、ドイツ語ではKoralleです。ヨーロッパの学者の感覚では、宝石サンゴのみならず石のように硬くて動物だか植物だかよくわからないような生き物はみなCoral（lium）、という感覚だったようです。さらにそういう生き物に姿形が似ているのに硬くない生き物のことをソフトコーラルSoft Coralなどと呼んでいました。日本ではそれらの訳語として○○サンゴという名称が次々と与えられていったのでしょう。

　さらに地形の用語である「サンゴ礁」やそれを構成している「サンゴ礁石灰岩」のことも十把一絡げに「サンゴ」の語感に混じり込んでしまった結果、現在ではただ「サンゴ」と言ったときには、その意味はたいへん漠然としたものになっています。研究者の間で使われる用語にはいちいち厳密な定義がないと、人によって同じ言葉が違う意味に使われてしまい、学問上たいへん困ったことになります。そのため、研究目的の文章では、ただ「サンゴ」という語を使うべきではなく、どの「サンゴ」のことを指すのかわかる定義された語を使う必要があるのです。「ソフトコーラル」の範囲については，さらに複雑で，日本と欧米など地域によって、また研究者、アクアリウム業界、ダイビング業界などによっても異なっています。なお，軟らかな「ソフトコーラル」に対して、硬い骨格を持つサンゴを「ハードコーラル（hard coral）」あるいは「ストーニーコーラル（stony coral）」と呼ぶことがあります。

造礁サンゴの種類と生態

2-1 代表的な造礁サンゴの分類群

　全世界中で18科、約120属、800種以上に分類されている造礁サンゴは、世界中の熱帯から暖かい温帯にかけて広く分布しています。サンゴ礁形成の基盤となっていることから、サンゴ礁が広がる熱帯域で最も多くの種類が棲息しています。西太平洋の熱帯域では500種程度が知られており、最も種多様性が高いといわれているのが、インドネシア～フィリピン周辺のコーラルトライアングルといわれる地域です。それ以外にもインド洋や紅海にも多くの造礁サンゴが棲息しています。

　一方、カリブ海を含む大西洋にはそれほど種数は多くはないものの、大西洋にしか棲息していない固有種が多いことで知られています。また、実は日本の本州～九州周辺海域のサンゴ礁以外の地域にも固有種が多いことが最近分かってきました。

　ここでは、代表的な造礁サンゴのグループと珍しい種を紹介していきますが、その前に、写真2-1①～③に記したサンゴの各部位についての説明をご参照ください。

写真2-1 サンゴの部位。① ポリプと触
手を伸ばしているサンゴ。長い柄と、
その先端に茶色と白色の触手が伸びて
いる。この柄と触手を合わせてポリプ
と呼ぶ。 ② 触手を伸ばしていないサ
ンゴ。ほとんどのサンゴは日中、この
ようにポリプを伸ばさない。多くの円
形状の個体が集まり群体を形成している。③ サンゴの骨格。円形状の一つ一
つがポリプの入っているサンゴ個体。放射状に並ぶ板状の構造が隔壁。

写真2-2 様々な群体形をしたミドリイシ属のサンゴ。① 樹枝状群体。
② 短い枝状の群体。③ 枝の長いテーブル状の群体。④ 枝の短いテーブル状
の群体。

（1）ミドリイシ科　family Acroporidae

○ ミドリイシ属　genus *Acropora*

　ミドリイシ属は、インド・太平洋域のサンゴ礁を構成している主要なサンゴです。サンゴの一斉産卵の様子をテレビ番組で放映していますが、そこに登場するサンゴのほとんどがミドリイシ属であると言っても過言ではありません。この仲間は、世界中で約150種知られていますが、種を区別するのは専門家でも非常に困難で研究者泣かせのサンゴでもあります。

　サンゴの形（サンゴは多数の個体から構成されているため群体と呼ばれています）の基本型は枝状ですが、樹木のように長く伸びるもの、草のように短いもの、テーブル状のものまで多くの形状があります（p.43写真2-2）。テーブル状の群体をよく見てみると非常に短い枝が集まってできているのが分かります。枝の先端には、必ず大きめのポリプ（2〜5ミリメートル）があり周囲は小さいポリプで覆われていて他のサンゴでは見られない特徴を持っています。

　ミドリイシ属が生きている時の色彩は、サンゴ礁のある熱帯・亜熱帯では太陽光が強く栄養も少ないことから褐虫藻が少なく、サンゴが組織を保護するため様々な色を自ら出し、青、緑、赤など色彩豊かになります。一方、九州以北のサンゴ礁ができない温帯域では褐虫藻が多くなるため、ほぼ茶か茶緑と地味な色になります。また、成長が速いサンゴとしても有名で、熱帯域では1年間で10センチメートル以上も伸びると言われています。しかし、高水温など環境の変化に弱く、オニヒトデやサンゴを食している貝類の好物となっていることから、世界規模で大幅に減少し、危機に陥っています。

写真2-3　様々な群体形をしたコモサンゴ属のサンゴ。① 樹枝状群体。② 被覆状群体。
③ 太い枝状と枝状の複合群体。

○ コモンサンゴ属　genus *Montipora*

　コモンサンゴ属は、インド・太平洋のサンゴ礁域から温帯域の広い
範囲に分布していて、ミドリイシ属に次ぐ大きなグループです。分類
学上ではまだかなり混乱していますが、100種類以上はいると言われ
ています[5,6]。

　群体の形状はミドリイシ属と類似しており、枝状、被覆状、塊状と
多様です（写真2-3）。しかし、枝の先端にポリプがなく、ポリプの

5) Veron, 2000, 6) 野村　他, 2010

大きさも1ミリメートル程度と非常に小さいのが特徴でミドリイシ属とは異なっています。どの棲息域でも群体の色彩は、ほぼ茶色や灰色であり地味なサンゴです。水温の上昇など環境の変化には割と強いのも特徴です。

（2）ハナヤサイサンゴ科　family Pocilloporidae

○　ハナヤサイサンゴ属　genus *Pocillopora*
○　ショウガサンゴ属　genus *Stylophora*
○　トゲサンゴ属　genus *Seriatopora*

　インド・太平洋のサンゴ礁域から温帯域に広く分布しています。特にハナヤサイサンゴ属はサンゴがいる地域のほぼすべてで見られ、成長の速いことからサンゴが棲息できる地域に最も早く入り込む先駆者として知られています。日本国内では、ハナヤサイサンゴ属のハナヤサイサンゴ*Pocillopora damicornis*（写真2-4①）やヘラジカハナヤサイサンゴ*Pocillopora eydouxi*（写真2-4②）という種をよく見ることができます。

　ショウガサンゴ属のショウガサンゴ*Stylophora pistillata*もハナヤサイサンゴの次によく見られる種です（写真2-4③）。トゲサンゴ属は亜熱帯以南にしか見られず、さらに白化による影響で近年棲息数が減少していると言われています（写真2-4④）。

　これら3属はいずれも枝状の群体形ですが、ハナヤサイサンゴ属はカリフラワー、ショウガサンゴ属は細長い生姜、トゲサンゴ属は先のとがった枝状とそれぞれが名前通りの形をしています。そのため、どの属なのか見た目で簡単に見分けることができます。

　3属は、水温上昇などの変化に弱く、すぐに白化し死亡しますが、

ハナヤサイサンゴ属とショウガサンゴ属は生殖活動が盛んで、数か月にわたって幼生を放出し広く分散します。成長も速いことから、ある地域で一度すべて群体が死んでしまっても、知らないうちにどこからともなく徐々に戻ってきているという、死滅と再生を繰り返す珍しいグループになります。しかし、あまりにも死亡率が広がると戻ってく

写真2-4 ハナヤサイサンゴ科のサンゴ。
① ハナヤサイサンゴ。② ヘラジカハナヤサイサンゴ。
③ ショウガサンゴ。　④トゲサンゴ。

ることができなくなるため、そのような状況になったときはサンゴ群集の存続が危機的状況にあると思っても間違いないでしょう。

（3）ハマサンゴ科　family Poritidae

○ ハマサンゴ属 genus *Porites*

　世界中のサンゴ礁域から温帯域に棲息しています。種数は約50種と少ないものの、最も巨大になるサンゴです（写真2-5）。群体の形状は多くが塊状で、枝状のものもあります。塊状の群体は水温上昇などの環境変化に強い耐性があります[4]。日本では、徳島県牟岐大島内湾に高さ9メートルにもなる塊状群体があり、「千年サンゴ」と呼ばれています。また、台湾の緑島には世界最大といわれる高さ12メートルの塊状群体があり、「Big Mushroom（巨大キノコ）」と呼ばれています（写真2-5④。残念ながら2016年に台風の影響で横倒しになったそうです）。これほど巨大な群体は珍しいですが、サンゴ礁域の浅瀬には2〜3メートル級の塊状群体なら多数見ることができます。特に浅瀬の塊状群体では、群体の頂上部が海水面に届くほど成長した結果、頂上部の組織が死んで周辺部組織だけが生き残るため、サンゴ礁っぽく見えます（マイクロアトールと呼ばれます。写真2-5②）。

　ポリプは1ミリメートル程度と非常に小さく、群体表面が滑らかに見えるのが特徴です。コモンサンゴ属とかなり似ている種もいて間違えることも多々あり（両者は個体の骨格の構造が全く違うので骨を見るとかんたんに区別できます）、群体の色も灰色から緑（たまに黄色や赤）といった地味な色合いの種が多く見られます。こちらの属も種を区別するのが難しいグループですが、研究が進んだ結果ある程度の見極めは可能となっています[1]。

---

1) Forsman *et al.*, 2009、4) Loya *et al.*, 2001

写真2-5 ハマサンゴ属。
① 塊状。② マイクロアトール。③ 枝状群体。④ 台湾緑島のBig Mushroom。

（4）サザナミサンゴ科　family Merulinidae

○ キクメイシ属 genus *Dipsastraea*

○ カメノコキクメイシ属 genus *Favites*

　これら２つの属はインド洋・太平洋のサンゴ礁域から温帯域まで幅広く分布しており、特に温帯域ではミドリイシ属より優占している場

所もあります。種数は、キクメイシ属25種、カメノコキクメイシ属37種となっています。種数はミドリイシ属やコモサンゴ属より多くはないものの、棲息数は非常に多く、浅瀬から深場まで様々な場所で見ることができます。2属の違いは、キクメイシ属はサンゴ個体が互いに独立して離れているのに対して、カメノコキクメイシ属は基本的には個体同士が互いにくっついているのが特徴です（例外もあります）。しかし、生きているときに両者を見分けるのは慣れないと難しいものです。群体の形状はすべて塊状で、ポリプは1センチメートル程度と大きいですが、色彩は茶色が主体で、サンゴと知らなければ周りの岩と区別がつかないかもしれません。濁りや水温変動など環境に対する耐性が強いので、ミドリイシ属が棲息できないような濁った場所や深い場所にも多く棲息しています（写真2-6）。

（5）クサビライシ科　family Fungiidae

　この科は、シタザラクサビライシ属genus *Fungia*、マンジュウイシ属genus *Cycloseris*など16属からなるグループです。ほとんどの種がインド・太平洋のサンゴ礁域に棲息していますが、数種のみ温帯域でも見られます。

　このグループの主な特徴は、大部分の種が他のサンゴのように岩などに固着していないことです（写真2-7）。また、群体性と単体性があり、群体のものは他のサンゴと同じく多くのポリプからできているため多数の口を持ちますが、単体のものは一つのポリプなので口が一つしかありません。どちらも小さいときには他のサンゴと同じで岩に固着していますが、大きくなるにつれキノコ状となり、上の傘の部分が外れどこにも固着せずに成長していきます。このような成長過程は、

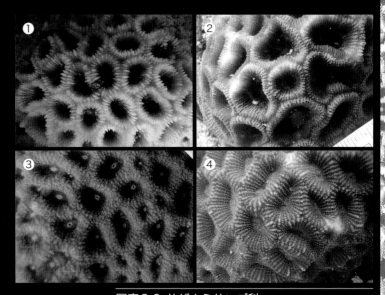

写真2-6 サザナミサンゴ科。
　①② キクメイシ属。③④ カメノコキクメイシ属。

写真2-7 クサビライシ科。
　① シタザラクサビライシ属、非固着性で単体。② マンジュウイシ属、非固着性で単体。
　③ ヤエヤマカワラサンゴ属、固着性で群体。　④ トゲクサビライシ属、非固着性で単体。
　⑤ ヘルメットイシ属、非固着性で群体。⑥ クサビライシ科のサンゴの集まり。

51

クサビライシ科だけです。固着していないとはいえ、自分で移動できないため波などで流され、砂地や海底のくぼみなどに数多く溜まっているのを見かけます（写真2-7⑥）。

2-2 珍しい種・貴重な種

（1）ハナサンゴモドキ　*Euphyllia paraglabrescens*
ハナサンゴ科 family Euphylliidae ハナサンゴ属 genus *Euphyllia*

この種は2000年に種子島にて新種記載されました。5センチメートル程度の短い筒状の骨格を持ち、その中に粒状の触手を多数持ったポリプが入っています。触手は非常に短いながら日中も常に外部に出ており、色彩は緑色もしくは茶色で、緑色の触手を持つ群体は見た目も鮮やかでとてもきれいです（写真2-8①②）。

　これまで台湾など海外で2例ほど報告があるものの、正式に確認されているのは種子島のみであり、種子島固有種と言われています。なぜ種子島にしか棲息していないのかは不明です。分布域が狭く、群集が減少したことから、2017年の環境省レッドリストの絶滅危惧種IB類（EN；近い将来における野生での絶滅の危険性が高い）に指定されました。現在、日本に棲息しているサンゴの中で最も貴重な種であるといえるかもしれません。

（2）オキナワハマサンゴ　*Porites okinawensis*
ハマサンゴ科 family Poritidae ハマサンゴ属 genus *Porites*

日本固有種ですが、オキナワハマサンゴという名前とはうらはらに

日本のサンゴ礁域から温帯域まで幅広く分布しています（写真2-8
③）。また、棲息数が少なく群体の大きさ自体が数センチメートル程
度しかないため見つけるのが難しい種です。外見は他のハマサンゴ属
の種とよく似ていますが、ポリプ内に見える放射状の板の数が他の種
（12枚）より少なく見えます。棲息地が限定的で個体数も少ないと考
えられることから、環境省レッドリストの絶滅危惧II類（VU；絶滅
の危険が増大している種）に指定されています。

写真2-8 珍しいサンゴ（1）。
①② ハナサンゴモドキ。
③ オキナワハマサンゴの
骨格。

（3）ヒメサンゴ *Stylaraea punctata*

ハマサンゴ科 family Poritidae　ヒメサンゴ属 genus *Stylaraea*

　群体の大きさが5ミリメートルしかなく、あまりに小さいため見つけるのは極めて困難な世界最小の造礁サンゴです（写真2-8④）。日本では珍しい種で、これまでサンゴ礁域の限られた場所でしか見つかっていません。きれいな浅瀬の砂地にある死んだサンゴの骨格や石などに固着していて、これほど小さいにも関わらず、繁殖期にはプラヌラ幼生を放出します。調査はほとんど進んでいませんが個体数は大変少ないと考えられており、環境省レッドリストの準絶滅危惧種（NT；棲息条件の変化によっては絶滅危惧になる可能性がある）に指定されています。

（4）コモチハナガササンゴ *Goniopora stokesi*

ハマサンゴ科 family Poritidae ハナガササンゴ属 genus *Goniopora*

　この種はインド洋・太平洋にかけて分布し、サンゴ礁域の水深20メートル程度の砂地か泥地に棲息しています（写真2-8⑤⑥）。"子持ち"という名前の通り、体の一部から小さいクローン群体を多数作って周りにばらまいていくという生殖様式を持ちます。サンゴでこのような生殖様式を持つのは本種のみで、この小さいクローン群体を娘群体と呼びます。多くの群体は固着せずに砂や泥の上で成長していき、大きいもので数十センチメートル程度になります。常にポリプを伸ばしているのが特徴で、アクアリストにも人気の種となっています。

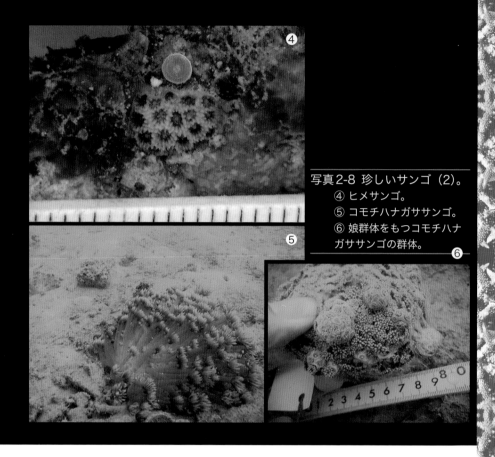

写真2-8 珍しいサンゴ（2）。
④ ヒメサンゴ。
⑤ コモチハナガササンゴ。
⑥ 娘群体をもつコモチハナ
ガササンゴの群体。

（5）コハナガタサンゴ　*Bernardpora stutchburyi*

ハマサンゴ科family Poritidae
コハナガササンゴ属 genus *Bernardpora*

　分布域はインド・太平洋のサンゴ礁域から温帯域までと幅広いので
すが、オキナワハマサンゴ同様に群体サイズが小さくて棲息数も少な
く、棲息環境が泥地など限定的であるためサンゴ研究者でも目にする
ことが非常に少ない種です。触手は24本で日中も常に出しています
が長くはなく、大きさも1ミリメートル程度です。この種は、生きて

いるポリプがハナガササンゴ属に似ているものの、骨格がハマサンゴ属に類似しています[3]。これまでほとんど研究されていないため、国内での分析状況も不明であり今後の研究が楽しみな種でもあります（写真2-8⑦⑧）。

(6) ムツカドマンジュウイシ *Sinuorata hexagonalis*
クサビライシ科 family Fungiidae
ハグルマサンゴ属 genus *Sinuorata*

インド・太平洋のサンゴ礁域、特に日本では西表島周辺海域でのみ報告されている珍しい種です。水深20メートルより深い砂地や泥地に棲息しているため、見つけるのはとても困難です。小さいときは六角形をしていますが（写真2-8⑩）、大きくなるにつれ歯車のようになるのが特徴です。他のクサビライシ科のサンゴとは違い饅頭のようにはならず、お椀状に成長し、大きいもので10センチメートル程度になります（写真2-8⑨）。

棲息場所が極めて限定されていることなどから、環境省レッドリストの準絶滅危惧（NT）に指定されています。

(7) スツボサンゴ *Heteropsammia cochlea*
キサンゴ科 family Dendrophylliidae
スツボサンゴ属 genus *Heteropsammia*

インド・太平洋のサンゴ礁域に分布しており、水深20メートルより深い砂地に棲息しています。大きさは数センチメートル程度で岩盤に固着せず、砂地の上に転がっているか、口の部分のみ砂から出ている状態が見られます（写真2-8⑪）。口は基本一つですが2つ以上になることもあります。また、褐虫藻と共生しない個体がいるといわれています[5]。

3) Kitano *et al.*, 2015、5) Veron, 2000

写真2-8 珍しいサンゴ（3）。
　⑦ コハナガタサンゴと
　⑧ その骨格。
　⑨ ムツカドマンジュウイシの成熟個体と
　⑩ 未成熟個体。
　⑪ スツボサンゴ。

　特徴は、なんといってもホシムシの仲間（星口動物門に属する紐状の独特な動物）が共生していることです。特にサンゴの下部付近には穴が開いており、そこからホシムシが出入りすることができ、ホシムシが移動すると宿主のスツボサンゴも移動するため、結果的に移動できるという珍しい種になります。最近はスツボサンゴに特異的に共生するヤドカリが発見されています[2]。

2-3　日本の造礁サンゴの種類

（1）日本のサンゴ

　造礁サンゴとは、もともとサンゴ礁の形成に役立っているサンゴのことを言い現わしていたのですが、褐虫藻と共生しているサンゴ類（有藻性サンゴ）とほぼ同様の意味で使われています。そのため、造礁サンゴは基本的に体内に褐虫藻を持っていると考えて間違いありません。

　日本の造礁サンゴは、沖縄から九州、本州の黒潮沿岸および対馬沿岸にかけて広く分布しています。最も種類が多いのは西表島と石垣島に囲まれたサンゴ礁域である石西礁湖（p.87写真3-10）で350種ほどが知られています。海も透明度が高いため、60メートルより深いところにも多くのサンゴが棲息しています。

　基本的に奄美大島から西表島までのサンゴ礁はそれより南方の地域（フィリピンなど）とサンゴの種類の組成が類似しており、種の多様性も高くなっています。しかしながら、沖縄周辺海域では、白化現象などによってサンゴに多大な被害が出ており、種数が減少していると

2) Fujii, 2017

危惧されています。一方、奄美大島は現在でも日本で最も種の多様性が維持されている場所ではないかと考えられています。奄美大島はこれまでサンゴの種調査がほとんど行われておらず、その実態は不明でしたが、近年、多くの研究者が調査するにつれ、その多様性が注目されはじめ、300種程度はいるだろうと言われています。

（2）温帯域のサンゴ

　サンゴ礁域より北にある温帯域と呼ばれる場所では、サンゴはいるもののサンゴ礁ができず、サンゴの種類自体も多くはありません。しかし、限られた地域のみ棲息する生物種である固有種が多く棲息しています。温帯域とサンゴ礁域の境界は種子島となり、南部ではサンゴ礁が発達していますが北部では発達していません。そのため、種子島では温帯域でしか見られないような種とサンゴ礁域で見られる種が混在しているのが特徴です。そして、ハナサンゴモドキといった固有種もいる興味深い島となっています。また、種子島より北に位置する九州から和歌山周辺海域では、固有種を含め150種程度のサンゴが知られています。

① 温帯域のミドリイシ属

　エダミドリイシ*Acropora pruinosa*とニホンミドリイシ*Acropora japonica*の2種が温帯域の固有種とされています（p.61写真2-9①②）（ニホンミドリイシは、極めて類似した種が台湾に棲息しているのが確認されています）。エダミドリイシは、静岡など一部の地域で大群落を作り、日本の対馬列島周辺海域で採集された試料をもとに記載された30センチメートル程度の枝状の群体です。波浪などで枝が折れ、

その枝が別の場所に固着して再び成長することを繰り返すことで群集を大きく維持しているとも言われますが、環境変動で数を減らしているとも言われています。そのため環境省レッドリストでは絶滅危惧II類（VU）に指定されています。

　その他のミドリイシ属については、エンタクミドリイシ（写真2-9③）とクシハダミドリイシ（写真2-9④）といったテーブル状のサンゴが主に見られます。温帯域ではこれらテーブルサンゴの大群集が発達している場所が散在しており（和歌山県、高知県、九州南部など）、観光資源にもなっています。

② 温帯域のその他のサンゴ

　2種の固有種が知られており、一つはニホンアワサンゴ *Alveopora japonica* です（写真2-9⑤）。ハナガササンゴ属（p.55写真2-8⑤⑥参照）同様に常にポリプと触手を伸ばしていますが、ハナガササンゴ属の触手が24本であるのに対しアワサンゴ属は12本しかないため、見た目で属の違いを区別することが可能です。ニホンアワサンゴは、九州から本州の各地に見られますが、棲息数が少なく観賞用としても人気があることから密猟などが危惧されています。そのため環境省レッドリストにおいて準絶滅危惧種（NT）に指定されています。

　もう一つは、ミダレカメノコキクメイシ *Paragoniastrea deformis* です（写真2-9⑥）。サザナミサンゴ科に含まれる塊状の種で、和歌山県串本市で初めて記録された種です。温帯地域の広い範囲で見られます。日本国内のレッドリストには載っていませんが、国際自然保護連合（IUCN）が作成する世界規模のレッドリストでは絶滅危惧II類（VU）に指定されています。

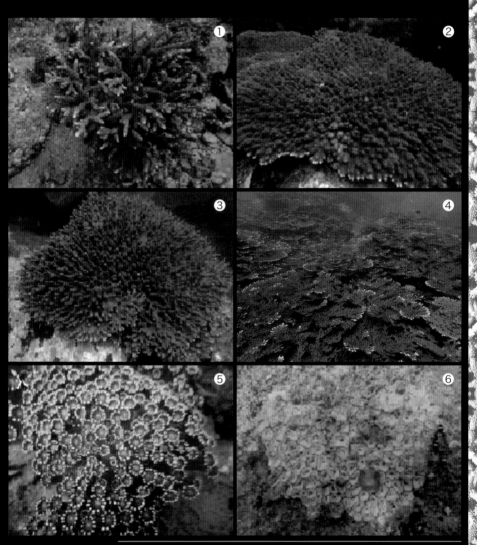

写真2-9 温帯性のサンゴ。
　　① エダミドリイシ。② ニホンミドリイシ。③ エンタクミドリイシ。
　　④ クシハダミドリイシの大群集。⑤ ニホンアワサンゴ。
　　⑥ ミダレカメノコキクメイシ。

　現在、温帯域の研究が進んでおり、数十種以上の未記載種（まだ名前のついていない種）や日本固有種がいるのではないかと考えられています。今後の研究次第では、日本の温帯域は世界に誇る固有種の宝庫になるかもしれません。

（3）サンゴの交配と雑種

　ミドリイシ属というサンゴは約150種とサンゴの中で最も種数が多く、形態の多様性も高いグループです。さらに、狭い範囲に数十もの種が密集して棲息し、それらが一斉に産卵することが知られています。ミドリイシ属は、雌雄同体で産卵時には、それぞれのポリプからバンドル（卵およそ10個と100万以上の精子が一つにパックされたカプセル）を放出します。卵には油分が多く含まれているため、バンドルごとに海面まで浮いていきます。一斉産卵時には多数の異なる種から放出されたバンドルが海面に到着し、それらの卵と精子が混ざります。そのため、一斉産卵時には種間交雑が起こっている可能性があります。

　他の動物では、他種間の交雑の結果、その子供が中間形態（例えば馬とロバの雑種がラバ）をもつことが知られています。仮に、サンゴでも同じように他種間で繰り返し交雑が起き、様々な種間の中間形態を持ったサンゴが生まれるならば、それはミドリイシ属というサンゴの形態が現在のように多様化した一因ではないかと考えています（写真2-10）。

　これまでは証拠がなく架空の話だったのですが、最近サンゴの雑種の研究が進んでおり、今後研究が進めば雑種の生存の証明、さらにはサンゴの形態の多様化や進化といった現象が明らかになってくるかもしれません。

写真2-10 ミドリイシ属の雑種。
① トゲスギミドリイシ。
② サボテンミドリイシ。
③ ①と②両種の雑種。

3章 なぜサンゴは白化するのか

3-1 白化とはなにか

（1）サンゴが褐虫藻を失う

　サンゴ礁には多くのサンゴ種が棲息しており、そのほとんどは褐色です。この褐色はサンゴ自体の色ではなく、サンゴに共生する褐虫藻に含まれるペリジニンと呼ばれる光合成色素の色です。サンゴのポリプを顕微鏡で覗いてみると、直径が10マイクロメートル（1ミリメートルの100分の1）ほどの褐虫藻の粒がびっしりとポリプ全体に広がっていることがわかります。（写真3-1）そのため褐虫藻を持っていないサンゴポリプは、炭酸カルシウムでできた骨格が透けて白色に見えます。

　共生する褐虫藻が何らかの理由で減少することでサンゴがその色を失い、白色に変化する現象を「白化」と呼んでいます。白化は、高温、低温、強光、UV、低塩濃度、バクテリア感染などのストレス要因でも起こりますが、ここ数十年の間に起こった世界規模の白化現象は、いずれも海水温の異常上昇に関連したもので最も注目されています。白化はサンゴに限った現象ではなく、褐虫藻を共生させるソフトコーラルやイソギンチャクなどでも見られる現象です。

　高温や低温などのストレスを受けたサンゴは、まず共生する褐虫藻を失うか、褐虫藻が色素を失うことで白化します（両方が同時に起こ

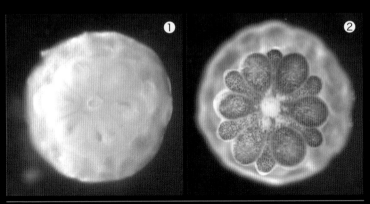

写真3-1 サンゴ幼ポリプ。① 褐虫藻を共生させる前。② 共生させた後。

ることもあります）。この段階では、サンゴは生きており環境が元の
状態に戻れば白化状態から回復することもありますが、白化した状態
が長期化すると栄養不足となり餓死して二度と回復することはありま
せん。ストレスが非常に大きな場合は、サンゴ自体が壊死して白い骨
格がむき出しになることもあります。白化した状態と壊死した状態は、
遠目からは同じように見えますが、近くで見れば肉眼でも骨格の上に
サンゴの生きた組織やポリプがあるかどうかで判断できます。

（2）海水温の上昇とサンゴの白化

　海水温の上昇によるサンゴの白化は、海水面温度がその海域の最高
海水温より僅か0.5〜1℃高い状態が数週間続くと起こると言われ、
上昇幅が大きいとさらに短期間で白化は起こります。これまで、海水
温の異常上昇による大規模な白化現象は1998年、2002年、2005年、
2010年、2016年前後に起きています。オーストラリアのグレートバ

リアリーフでは、1998年の大規模白化の時には主に沿岸で見られていましたが、2002年には沿岸から離れた場所のサンゴ群集でも白化が見られるようになり、2016年にはさらに広範囲でより顕著な白化が起きています。以前の白化現象は、エルニーニョ現象などの異常気象が原因でしたが、近年では異常気象と直接関係がなくても大規模な白化が起こるようになっています。これは地球温暖化に伴い夏の海水温が常態的に高くなっているからだと考えられています。

3-2 白化につながるサンゴのストレス

　自然環境下では、様々な環境要素が変動し続けており、それらの影響による生物のストレス反応の単独原因を絞り込むことは容易ではありません。通常、野外でサンゴが白化する状況は、いくつもの環境要素が複合的に働いた結果によって起きています。

　サンゴの白化は、海域だけで捉えるのではなく同じ海域でも水深が異なる場所での違いもあります。例えば潮通しが良いか悪いか、透明度の高・低などによっても異なります。

　サンゴの白化を知るためには、サンゴがストレスを受けて白化することおよびその原因となる要素、また反対に影響を抑制する要素について、そしてサンゴ自体の特徴も併せてそれぞれを個々に解明していくことが大切です。

（1）高温ストレスで起きる白化

　高温ストレスによる白化は、いくつかの異なる分子機構が絡み合っており、白化機構の解明を困難にしています。（図3-1）

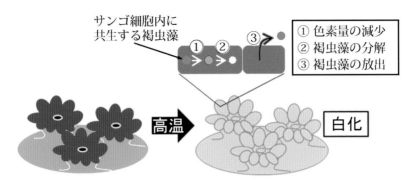

図3-1 サンゴの白化機構。高温によるサンゴの白化は、共生する褐虫藻の色素
　　　量の減少（①）、宿主細胞内での褐虫藻の分解・壊死（②）、共生する褐虫藻
　　　のサンゴポリプからの放出（③）によっておこる。

　海水温の上昇による白化が強光や紫外線で促進されること、共生する褐虫藻の光合成装置の光損傷（光阻害）がよく見られ、これらが褐虫藻の放出による白化の主原因だと思われていました。しかし、最近の研究ではこれとは違う考えが提唱されています。

　光合成生物にとって光は光合成を行うエネルギーであると同時に、光合成装置には損傷を与えます。これはすべての光合成生物に共通な現象です。それでも光合成生物が光を受けながら光合成装置を維持できるのは、光損傷を受けた箇所を速やかに修復することができるためです。しかし、ストレス環境下では、修復が抑制され光阻害が起こります。

　褐虫藻の場合、わずかな海水温の上昇による高温ストレスで、修復が抑制され光阻害が起こります。そうなると、光損傷を受けた光合成装置（アンテナタンパク質を含む）の分解が起こり、褐虫藻色素量の減少による白化も見られるようになります。このように、光や光阻害は、褐虫藻の放出のみによる白化ではなく、色素量の減少や褐虫藻の

分解、壊死などが白化に関与すると考えられるようになってきました。

　潮の流れや海水の循環が滞ると海水温は高くなり、サンゴの白化が起こりやすくなり、逆に海水の撹拌（かくはん）が起こると海水温が低下し白化は抑制されます。1998年に沖縄県では、多くのサンゴ礁が白化により大きなダメージを受けましたが、渡嘉敷島周辺のサンゴ礁は海流が強いことから、太陽光によって暖められにくく、深い場所にある温度の低い海水と撹拌されたことで白化を免れた（まぬが）と考えられています。海水の撹拌を生み出す最も効果的な自然現象は台風です。台風は、強風や高波で大きな被害をもたらしますが、同時に海水が撹拌され海水温度が一気に低下し白化が抑制される場合もあります。

（2）物理的な環境ストレス

　もっとも分かりやすい環境ストレスとして、直接触られたり傷つけられたりするなどの物理的な被害が挙げられます。スノーケル、磯歩きを行っている人に踏まれたり触られたりすると、ストレスを受けて白化し死亡してしまうことがあります。レジャーボートのアンカーがサンゴを破壊することもあります。また、台風接近時の強い波浪によるサンゴ骨格の破壊や、他の生物による削り取り等で白化が引き起こされる場合もあります。漁網や釣り糸、ビニール袋など様々な漂流ゴミなどが巻きついたりすると、しばらくの間ポリプを開くことができずにそのまま死んでしまうこともあります。

（3）光による環境ストレス

　紫外線がサンゴへのストレスの原因となることから、浅い場所では紫外線が強いことも白化の原因とされています。サンゴはその紫外

写真3-2 白化は太陽光の当たりやすい箇所で起こりやすい。

線を防御するために、紫外線吸収物質であるマイコスポリン様アミノ酸化合物（Mycosporine-like Aamino Acid: MAA）を生産します。野外での観察事例では、サンゴ群体の一部のみが白化した状態で見られることがあります。これは、枝状の立体的な群体を持つサンゴが強い太陽光にさらされることで白化が誘導され、太陽光をたくさん受ける上面部分のみで白化が進んでいるケースです（写真3-2）。

　強い光だけではなく光が足りない場合でも白化が起こることもあります。例えば、海域での浚渫工事やサンゴ礁域を行きかう高速艇が作る引き波により、海底にたまった粒子が海中を舞う状態となります。または、陸からの河川水などを経て流れ込んだ土壌などの粒子により海水中に漂う細かな浮遊物が増加し、海水が慢性的に濁り、サンゴにとって必要な太陽光が遮られることがストレスとなるからです。

（4）塩分の変動によるストレス

　主に島の沿岸域に発達する浅い半閉鎖的礁池に棲息する多くのサン

ゴにとって、塩濃度の急変は環境ストレス要因の一つとして挙げられます。例えば、大潮の干潮条件に台風などによる短時間の豪雨条件が重なった場合には、浅瀬のサンゴは多量の雨による淡水化ストレスをうけます。また、日中の干潮条件では潮だまりが次第に干上がることで、海水の蒸発に伴う高塩濃度ストレスが起きます。塩濃度が3.2 ～ 4.2%の範囲を下回るような河川の河口域などでは、陸域から淡水流入の影響でサンゴの生存、成育が難しくなるため通常ではほとんど見られなくなります。また、実験的に塩分濃度を減少させた場合、共生藻の急激な離脱により白化が起こることからも、塩濃度の増減がストレス要因の一つであることは明らかです。

(5) 懸濁物質（細かな浮遊物）によるストレス

サンゴ礁域では、スコールや台風に伴う大雨により河川から流れてきたシルトと呼ばれる微細な砂や泥などによってサンゴが覆われてしまいます。サンゴは粘液を分泌して膜を作り、積み重なった泥や砂などを取り除くことができるので、少量に対しての耐性はあります。しかし、長時間の流入や一度に多量の砂や泥の粒子を覆ったままの状態になると、粘液による除去が追いつかなくなるだけではなく、ポリプの口が目詰まりして酸欠に近い状態になり、窒息死してしまうことも考えられます。陸域からの泥や砂、赤土などの流入はサンゴにとってだけではなく、褐虫藻にとってもストレスとなり[9]、高水温時の白化被害を大きくする一因であるとも言えます。

(6) 干潮時の干出ストレス

浅い場所では、潮が引いたときの干出がストレスの要因ともなりま

9) Philip and Fabricius, 2003

す。干出とは、干潮時にサンゴが海面よりも上に出てしまう状態です。特に浅い場所では、潮の干満に伴う干出が起こります。サンゴは、多糖類を多く含むドロッとした粘液を出すことで短時間の乾燥を耐えていますが、多量の粘液を出すことはそれだけでストレスとなり長時間の干出に耐えられないため、ほとんどのサンゴ種は干出する潮位より高い場所では育ちません。夏の昼間に干潮が重なると、高水温状態に加えてサンゴの表面が陽射しによって温められてしまい、サンゴ群体の表面温度は高くなります。実験的にミドリイシ属のサンゴを2時間ほど干出状態にしておくと、乾燥とともに表面温度が高くなり、その後、白化、死亡してしまうことなども示されています。

（7）除草剤・病原菌によるストレス

　除草剤などの農薬がサンゴ礁海域に大量に流入すると、褐虫藻の光合成が低下してしまい白化につながることにもなります[5]。また、近

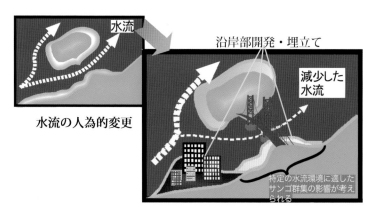

図3-2 海流の人為的改変がサンゴに及ぼす影響

5) Jones, *et al.*, 2003

年では、海水温が上昇し栄養塩が高くなると細菌の増殖が促進されやすいため、細菌感染などによって起こると考えられる病気が増加傾向にあります。病状の原因をはっきり分けることは難しいのですが[1]、サンゴが弱りやすい夏時期に海域近くで浚渫工事や埋め立て工事が行われた場合、海水中に大量放出された細菌による病気感染の可能性は高くなると考えられます（p.71図3-2）。

そのほかに、様々な場所で、分解されにくい漂流プラスチックゴミなどの表面で増殖した細菌などが、意図せず運ばれ拡散してしまう可能性まで考えられています。

（8）種によって異なる白化の起こりやすさ

白化の起こりやすさは、種によって異なります。隣り合った同じサンゴ種でも白化している群体とそうではない群体が見られますが（写真3-3）、これは主に共生している褐虫藻の違いによるものと考えられています。

サンゴに共生する主な褐虫藻は、これまでシンビオディニウム属（*Symbiodinium*）とされていた渦鞭毛藻類で、現在はSymbiodiniaceae科に分類されており、DNA型の異なる多くのタイプが複数属に分けられて存在しています。タイプの違いで、褐虫藻のゲノム（遺伝情報）サイズ、細胞サイズ、光合成活性、宿主特異性、高温耐性、強光耐性などが異なっているため、どのタイプの褐虫藻を共生させるかによって、サンゴの育成や生存が大きく左右されます。

同じ属（共通の祖先から進化した生物群）の異なるタイプの褐虫藻間でも高温ストレス感受性が異なり、高温ストレスに弱い褐虫藻タイプでは、高温下で光阻害や光合成色素量の減少を起こしやすくなりま

1) Bourne, 2005

写真3-3 白化の起こりやすさは同じサンゴ種間でも異なることがある。

す。また、フィールド（野外）や研究室での実験により異なるタイプの褐虫藻を共生させると、両者で白化の起こりやすさが異なっているという報告もあります。そのため、高温環境に適したタイプの褐虫藻を共生させる（もしくは共生させておく）ことで、白化が抑制されると予想されます。しかし、環境変化があまりにも早く、高温環境に適した褐虫藻タイプの取り込みが追いつかないこと、サンゴと褐虫藻の共生には種特異性があり（それぞれのサンゴ種には共生可能とそうではない褐虫藻タイプがいる）、環境に適した褐虫藻タイプがいたとしても共生関係を結べるとは限らないことから、高温に適した褐虫藻との共生が容易に起こらないことが分かります。

3-3 白化したサンゴのたどる道

サンゴの大規模白化は、この10年ほど毎年のようにニュース等で

取り上げられています。しかし、過去を辿ってみてもこれほど頻繁に
は報告されておらず、1970年代ころまでは、サンゴの大規模死亡原
因のほとんどが、オニヒトデ（サンゴの天敵）大量発生などと関連付
けられていました。そもそも、それ以前には「サンゴが大規模に白化
する」という概念自体が知られていなかったのかもしれません。

　サンゴの大規模な白化現象の記録は、1980年代以降に増加してい
ます[4]（図3-3）。特に1998年の世界的なエルニーニョ現象に伴うサ
ンゴの大規模な白化現象の報告を皮切りに、以降急激に被害範囲も広
がり、報告される海域や数も増加傾向にあります（図3-4）。

（1）白化しはじめたサンゴの状態とは？

　サンゴは年中同じ状態に保たれているわけではなく、水温が高く日
差しが強くなる夏季には、やや色が薄くなった状態のサンゴ群体が増
える傾向にあります。サンゴの中にいる褐虫藻の密度は、一見安定し
ているようですが、実際には結構変動しています。春先から夏にかけ
ては、日照時間が長くなり光が強いうえ水温が高めになり、光合成を
行うための色素であるクロロフィルの量が少なくて済みますので、次
第に減少していきます。秋から冬にかけては、水温が下がり光も弱く
なるので、できるだけたくさんの光を受け取れるよう褐虫藻細胞内の
クロロフィル濃度は増える傾向があります。そのため、同じサンゴ群
体を夏と冬の時期に観察すると、色の濃さが異なることが多く、また、
海水が濁っている場所や、深い場所に棲息している群体と比べて、透
明度が高い場所や、浅い場所に棲息している群体では色が薄い状態が
しばしば観察されます。特に沖縄周辺の海では、春先から梅雨時期に
雲が多くかかることが増えるためサンゴに当たる光の量は抑えられま

4）Glynn, 1993

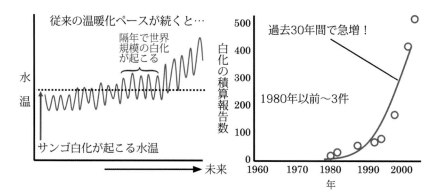

図3-3 水温の上昇と大規模白化報告数。1998年の世界規模白化後も頻度が増大
している。海面温度が1〜3℃上昇していくと、2030年代には世界規模の白化が
隔年の頻度で起こると予想される。

（出典：第3次IPCC報告書；左図Hoegh-Guldberg,1999 ／右図Bellwood et al., 2004）

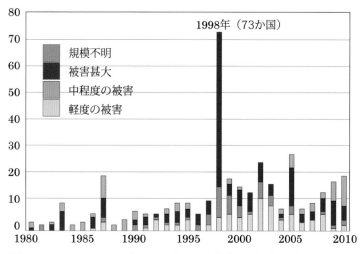

図3-4 1980〜2010年の30年間の各年で白化報告があった
国の数。　　　　（出典：WRI, Reef at risk revisited, 2011）

すが、梅雨明けからは急激に光が強くなる傾向があります。この時期からサンゴの色は薄くなり始め、褐虫藻は減少していき、クロロフィル量も少なくなっていると考えられます（図3-5）。大規模な白化の兆候が確認され始めるのは、このような時期でもあると言えます。

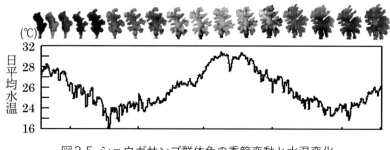

図3-5 ショウガサンゴ群体色の季節変動と水温変化
(出典：Nakamura & Yamasaki, 2005)

（2）白化しても蛍光色に光って見えるサンゴ

　サンゴが白化していくにつれ、ただ単に白く見えるようになるだけではなく、一部のサンゴではピンクや青、緑などの蛍光色が強く見えてくる場合があります。これらのサンゴは、蛍光色素（蛍光タンパク質）をたくさん持ち、エネルギーの高い紫外線や特定の色（波長）の光を蛍光色素が吸収します。そのエネルギーによって変化した状態から蛍光色素が元の状態に戻る際に受け取ったエネルギーを別の色の光エネルギーとして放出することが蛍光色に光って見える要因です（写真3-4）。

　サンゴ礁には多様な色彩を持つサンゴが棲息しており、それらの群体から緑、赤、青、オレンジなどの色を放つ蛍光色素が多数、発見されています。これは、強い光が豊富に降り注ぐサンゴ礁の海中ならで

写真3-4 白化した状態のサンゴ。①部分的・②全体的に白っぽくみえる場合。
③④普段と違った鮮やかな蛍光色にみえる場合。

はの現象です。近年、サンゴの持つ蛍光色素には、環境ストレスに対する防御機能があることが報告され、注目されています。蛍光色素は、エネルギーが高く有害な紫外線をたくさん浴びた場合、ストレスの原因となる余分な光エネルギーを吸収して、より害の少ない波長（色）の蛍光として放出することで白化を抑えるなど、少しでも生き残る可能性を高めるために必要な機能を持っていると考えられます。実際に蛍光色素を持つサンゴは、褐虫藻の光阻害が起きにくく、白化が進んだ状態でも、それ以上のストレスを防ぐことができるのです[8]。サンゴは、蛍光色素を利用して強い陽射しに含まれる紫外線への防御

8) Salih *et al.*, 2000

を行っているのです。

（3）サンゴポリプの行動の謎

① サンゴから褐虫藻が出ていく

　強い光の下でポリプが骨格内に自らを収納する様は、刺胞動物の仲間として造礁サンゴ類が見せる光ストレス回避の一つと言えます。ポリプを骨格内から出したり入れたりすることで光の量や当たる範囲を調整できるので[6]、光が強すぎる昼間はポリプを骨格内に入れておき、弱くなってきた夕方から広げることで最適な量の光を受け取る工夫をしている場合もあります。また、ポリプの大きいサンゴは、夜になるとポリプを開いていることが多くあります。これは、餌となるプランクトンをたくさん捕まえると同時に、夜になると光合成が止まり、サンゴと褐虫藻の呼吸に必要な酸素を海水中から取り込み、不要な二酸化炭素を排出するため、ポリプの表面積を最大にすることで呼吸効率を高める工夫とみられます。

　サンゴが高水温や強い光を受けると褐虫藻は多くの活性酸素を作ります。活性酸素が多くなるとサンゴの遺伝子やタンパク質が傷つけられてしまうので[2]、サンゴは褐虫藻を減らす（白化する）ことで、環境ストレスへの対策を行っていると考えられます[3]。光を受け取るための褐虫藻が一時的に減った場合は、プランクトンやバクテリアなどを餌として消化吸収することでエネルギー源を確保し、白化した状態でも少しの期間は生きながらえることができると考えられています（写真3-5）。

---

2) Cunning *et al.*, 2013、3) Downs *et al.*, 2002、6) Loya *et al.*, 2001

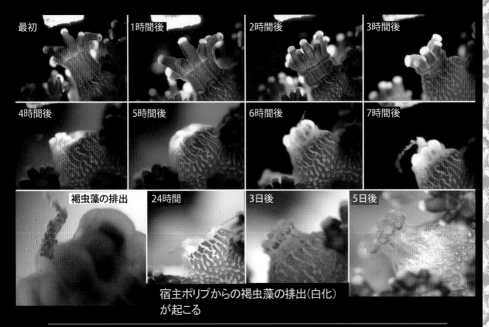

最初　　1時間後　　2時間後　　3時間後

4時間後　　5時間後　　6時間後　　7時間後

褐虫藻の排出　　24時間　　3日後　　5日後

宿主ポリプからの褐虫藻の排出（白化）
が起こる

写真3-5　サンゴは通常の水温（26℃）条件下でも過剰な光ストレスで褐虫
　　　　藻を排出して白化する。

② サンゴの白化から復活まで

　白化することは、サンゴが高水温などの厳しい環境条件により、ス
トレスを受けた状態で生き残るための最後の選択肢であるとも言えま
す。高密度の褐虫藻を持ったまま、高い水温条件下で強い光を受け続
けてしまうことは、サンゴが数時間や数日単位で死亡するほどの危機
的状況に陥る原因となり得ます。

　サンゴのポリプが行う一連の行動は、変化し続ける環境条件に対応
しながら光エネルギーを効率的に光合成に利用しつつ、褐虫藻を体内
に共生させ続ける一方で、少しでも危険性を減らすための安全策では

ないかと考えられます。ストレスの少ない環境条件下では、サンゴにとって、光合成を行い効率的なエネルギーを生産してくれる褐虫藻が体内に多く存在することの利点はあります。しかし、ストレス条件下では、活性酸素種などを放出する危険な存在となりかねないので、体外に排出したり、体内で消化したりすることで、一時的に共生関係を弱めることで短期間でもサンゴの生存を確保することが可能となっていると考えられています。このようにサンゴの白化は、季節的な変動を伴う環境の変化に対して死亡につながることを減らすための仕組みの一部であり、短期的にサンゴ自身の死亡につながるリスクを減らすための仕組みの一部であり、褐虫藻との共倒れを防ぎ、環境条件が良くなったときには、海水中から取り込んだ褐虫藻や残った褐虫藻細胞が再度分裂して増えながら白化した組織に供給されることで、元の状

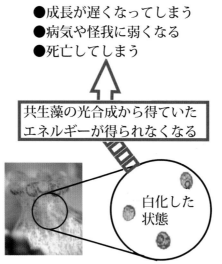

図3-6　白化したサンゴはどうなるか（褐虫藻の数が減少し、光合成の機能が低下した場合）。

態に戻れる可能性を残しているとも言えます。

　さらに、多くのサンゴ種は群体性の生物であり、一部でも生きたポリプが残っていれば出芽・分裂を繰り返して群体として復活できる可能性が残ります。このようなことは、サンゴなどの群体性生物独特の現象でもありますが、サンゴはこうすることで長年生き続けることができ、一部のポリプが死んだとしても、条件がそろえば、生き残ったポリプが分裂を繰り返しながら、再び大きな群体として復活することができるのです。

③-4 死滅するサンゴとその後

（1）白化で衰える生命活動

　一度、白化したサンゴでも光が弱まり水温が低下していく時期（夏の終わりから春）に回復し、元のような色に戻ることができます。しかし、海水温が下がらず、白化の状態が長く続くとどうなるのでしょうか（図3-6）。

　褐虫藻が減ってしまうと、それまでサンゴが代謝で生み出したアンモニウムイオンや二酸化炭素などは、褐虫藻が使い切れなくなるため、サンゴの体表面から海水中に排出しなければならなくなるでしょう。さらに、これまで酸素を供給してくれていた褐虫藻が減ってしまえば、体内で活発に呼吸を行うための必要な酸素供給量を保つことは難しくなるかもしれません。生きていくために必要な呼吸が必須であり、代謝によって得られるエネルギー源が必要です。しかし、褐虫藻が行う光合成からのエネルギー供給が減るため、生きていく上で必要な様々

なタンパク質が十分に作れなくなり、けがの回復もできなくなり、さらにウイルス、バクテリアなどへの抵抗力も弱まり病気にもかかりやすくなります。

サンゴは体内に、脂質を蓄えており、非常時のエネルギー源として使うことで、しばらくは生きていくことができますが[10]、体内

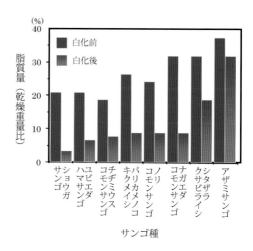

図3-7 白化前後でのサンゴ体内の脂質量の変化。　（出典：Yamashiro et al., 2005）

の脂質で持ちこたえられるのは、種にもよりますが数週間から1か月程度と考えられます（図3-7）。

（2）サンゴの死後

健康なサンゴは褐虫藻による褐色をしていますが（写真3-6①）、白化によりポリプや共肉部が死亡すると残されたサンゴの骨（骨格）が海中に直接さらされた状態になり、その表面にはすぐにうっすらと緑色の藻類が繁茂し始めます（写真3-6②③）。

通常、数週間のうちに芝状藻類と呼ばれる背が低く細かい繊維状の藻の仲間をはじめ、骨格の表面を様々な藻類が覆うようになります。波当たりや潮通しの良い場所では、「サンゴモ」と呼ばれるカルシウムの殻を持つ紅藻類の仲間が、むき出しの骨格部で活発に成長し、表面を覆う状態になります（写真3-6④⑤）。一度、藻類が繁茂し始めると、次にそれらを食料とするウニや巻貝、魚類が骨格表面について

10) Yamashiro *et al.*, 2005

写真3-6 サンゴの死後は
どうなるのか？

① 健常なサンゴ。②③ 一部が死亡し，うっすらと藻に覆われている状態。④ 死亡後に様々な藻類が繁茂しだしている状態（ミドリイシ属）。⑤ 死亡後に芝状藻類と石灰藻が覆い始めた状態（ミドリイシ属）。

外的浸食者（削り取り）：棘皮動物①②ガンガゼなど。
草食魚類③ニサダイ。④ブダイ。
内的浸食者（孔を開ける）：⑤⑥海綿類、多毛類。

写真3-7 サンゴ骨格を浸食する
生物。

いる藻類を活発に削り取るので、骨格は徐々に削られていきます
（p.83写真3-7）。

　このように削られた骨格の一部は、海底に砂としてたまっていきま
す。また、死んだサンゴの骨格は新たに外部から別の生物やサンゴの
幼生が流れてきて着底し、成長するための基盤となるほか、（写真
3-8）波浪などによって壊れた他のサンゴ群体の一部が転がってきて
固着する場合もあります。また、死サンゴ骨格上に別のサンゴ種が成
長していくことで、より複雑な立体構造に変わっていくこともありま
す。

　さらに、折れた骨格断面の細かい隙間にも海綿類などの様々な無脊
椎動物、藻類、バクテリアなどが入り込むようになって、それまで白
く見えていたサンゴ骨格は次第に緑色から暗い色に変わっていきま
す。内外から浸食された骨格は次第にもろくなり、数か月から半年も
すると概形が変化していき、台風や冬期の嵐などによる強い波浪に
よって破壊され大小の礫（小石）になります。死んだサンゴが砕けて
できた大小の礫は、他の生物の棲息場所や隠れ場所または産卵場所と
なり、新たな命を育む場所になることもあります。

3-5 大規模白化で「石西礁湖」に何が起きたのか

　海水に含まれる栄養分が自然の状態より増えすぎたり、藻類を食べ
る藻食性動物などの数が少なかったりすると、サンゴの骨格上に繁茂
した芝状藻類の上には、砂や細かい粒子が次第に積み重なり、さらに
大きな藻類が根付いて成長していきます。そのため、大規模白化やオ
ニヒトデの大量発生などで、ほとんどのサンゴが死んでしまった場所

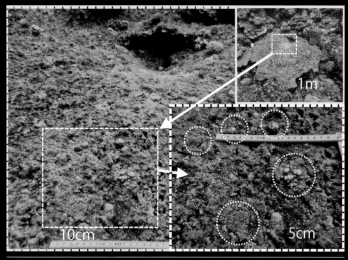

1m

10cm

5cm

写真3-8 死亡したテーブル状ミドリイシ属の骨格上に新たに成
　　　長を始めている稚サンゴ群体。

写真3-9 栄養条件や生物条件がそろった場合に繁茂する大型藻類の例。
　　　左上：サボテングサの仲間。左下：ウミウチワの仲間。中下：ラッ
　　　パモク。右下：ホンダワラの仲間など。

では、数週間から数か月のうちに芝状藻類が繁茂し、その状態が数年も続くと大型の藻類が繁茂する状況に変化してしまう場合もあります（p.85写真3-9）。大型藻類が根付いてしまうと長い期間その状態で安定してしまう可能性が高くなります。では、実際にどのような変化があるのか、2016年石西礁湖で起きた大規模白化とその後の変化を見てみましょう。

（1）2016年の白化現象

北太平洋では、2016年ころにエルニーニョ現象とともに広範囲での大規模白化現象が起こりました[7,11]。エルニーニョ現象とは、太平洋赤道域の日付変更線付近から南米沿岸にかけて海面水温が平年より高くなり、その状態が一年程度続く現象のことです。特に、琉球列島の八重山諸島に囲まれた日本最大級のサンゴ礁である「石西礁湖」（せきせいしょうこ）（写真3-10）と呼ばれる場所は、梅雨明け以降に海水温が上昇し続け、通常年は夏季に複数個の台風が接近する海域であるにもかかわらず、台風による海水の撹拌が9月までありませんでした。そのため、2016年7月から9月にかけて、多くの造礁サンゴ類が白化する30℃以上の高水温の状態が続きました。日本では環境省が主体的に行っているモニタリングサイト1000や石西礁湖自然再生事業から、この海域で起きた大規模白化の報告がされています。

（2）石西礁湖の白化

2016年9月の白化時の様子を見てみましょう。（写真3-10）水深3メートルほどの場所ですが、多くのテーブル状サンゴが白化しています。中にはピンクや黄色、紫など色の付いたサンゴがあり、これは白

7) McClanahan, 2017、11) Wooldridge *et al.*, 2016

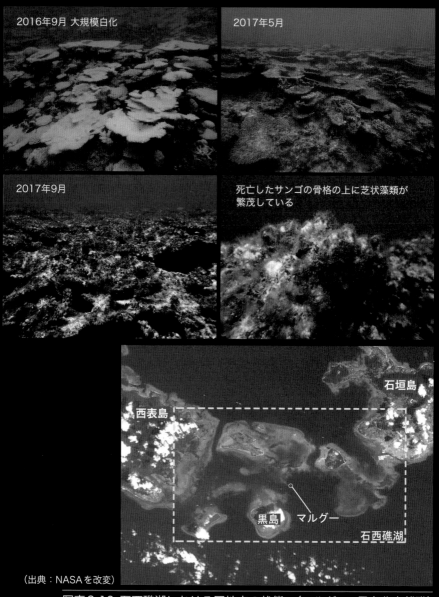

2016年9月 大規模白化

2017年5月

2017年9月

死亡したサンゴの骨格の上に芝状藻類が
繁茂している

石垣島

西表島

黒島　マルグー

石西礁湖

（出典：NASAを改変）

写真3-10 石西礁湖における同地点の状態。（マルグー・黒島北東離礁）

87

化した後、サンゴが持っている蛍光色素が放つ色が見えている状態です。通常、白化は水深の浅い場所で起きやすく、深いところでは起きにくいと言われています。これは、浅い場所だと、海水中に光がよく透過する上、水温も上昇しやすく、厳しい環境条件になりやすいためです。サンゴが積み重なって形成されたサンゴ礁地形に囲まれた内側を礁池内、外側を礁池外といいますが、礁池内に比べて礁池外は水深が深くなります。2016年の石西礁湖での大規模白化時には、礁池内外ともに高い白化率でした。このことは、2016年の大規模白化が広範囲かつ深い場所まで広がっていたことを物語っています。

　しかし、大規模白化ではありましたが、すべてのサンゴが一様に白化したわけではありません。では、どのようなサンゴが特に白化し、死亡していたのでしょうか。2016年9月の大規模白化では、サンゴの中でも白化耐性を持つサンゴ属と、そうではない属が存在していました。特に被害の大きかったトゲサンゴ属などは、赤ちゃんが比較的親の近くに着底することが多い幼生保育型のサンゴです。このようなサンゴたちは同じ石西礁湖のなかでも、短期間で広範囲に再度分散し、速やかに回復することは望めません。このようなタイプのサンゴは、一度白化による大規模被害を受けてしまうと、これまで見られていた場所からはほとんど見つからなくなる状態に変わってしまうだけではなく、回復の可能性もずいぶん低くなり、局所的に絶滅する可能性が高いと言えます。特定種のサンゴの局所的絶滅は、その海域でのサンゴ種多様性の低下につながります。

（3）大規模白化前後の変化

　石西礁湖にはどのようなサンゴが棲息していたのでしょうか。

2016年9月に起きた大規模白化前に、石西礁湖で多く観察されていたサンゴはミドリイシ属で、サンゴ全体の半数ほどを占めていました。しかし、ミドリイシ属サンゴは高水温ストレスに弱く、数多くの群体が白化し、一年後にはその被度（海底をどれだけ覆っているのかの割合）は、20パーセントまで減少していました。また、ミドリイシ属が減少したことで、アナサンゴモドキ属やコモンサンゴ属の相対的な存在割合が増えたことも、この年の大規模白化の特徴と言えます（図3-8）。生き延びたサンゴの被度は、石西礁湖全地点を平均すると27.5パーセントから12.9パーセントへと約半分になりました。被度だけではなく、サンゴ属レベルでの多様度も低下したと言えます。

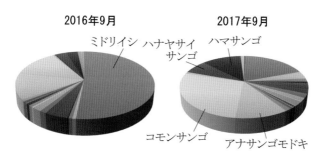

図3-8 石西礁湖34地点のデータを合計して算出した
属別のサンゴ出現頻度。

　大規模白化の翌年、2017年5月には死んだサンゴの骨格の上を芝状藻類がびっしりと覆っていました。その後、9月には少し削れた跡も見えました。これらは、藻類を食べる魚類やウニ、巻貝などの無脊椎動物によって削り取られたと思われます。石西礁湖の調査地点ごとに、生きたサンゴの割合と芝状藻類の割合を見てみると、大規模白化から一年経ってもまだ多くの芝状藻類が繁茂し続けている状態でした

(p.87写真3-10)。

（4）容易には復活できないサンゴ群集

　一度、海底面を芝状藻類や大型藻類に覆われた状態になると、海底面には空いた隙間がない状態です。サンゴの赤ちゃんが海流に乗ってやってきて運よく海底に固着できポリプに変態できたとしても、その周辺にはすでにサンゴの数倍から数十倍の大きさに育った藻類が高密度に繁茂しているため、十分に光を得ることができず、生存・成育が難しくなってしまいます。また、親となる群体も白化で死亡して数を減らしている状態では、赤ちゃんの数も減っていることになります。

　このような理由から、サンゴ群集が以前のような状態に戻るには十年単位の時間がかかるだろうと言われています。また、死んだばかりのサンゴの骨は、多孔質である上に群体の形も枝や葉っぱのような複

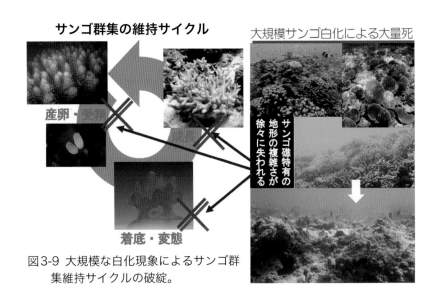

図3-9 大規模な白化現象によるサンゴ群集維持サイクルの破綻。

雑な構造を持つことが多いため、それらの孔や隙間がサンゴの赤ちゃんにとって重要な棲み家として機能するだけではなく、大きな群体に育つまでの間、様々な生物に削り取られないための隠れ場所となるのです。そのような微細な構造が大規模白化後に削られ続け、さらに表面の微細な凹凸などが減ってしまうと、サンゴの赤ちゃんが新たに住み着いて成長するための場所も少なくなってしまいます（図3-9）。

写真3-11 2019年（白化から3年後）の石西礁湖の様子。
① 生き残ったミドリイシで確認されたバンドル。
② 白化で死んだサンゴ群体骨格上に、新たに小型群体が加入して成長している。
③ 石西礁湖_白化で死んだサンゴ骨格上に大型藻類が繁茂し始めている。
④ 白化を生き延びたコモンサンゴの仲間が浅場で卓越している。
⑤ 白化を生き延びた大型のテーブルサンゴ。

4章 サンゴの大規模白化現象

　気候変動と関連づけられた世界的なサンゴの大規模白化現象の報告は、1998年から始まります。1998年には異常気象により、南米ペルー沖の海水温が平年より高くなるエルニーニョ現象と平年より低くなるラニーニャ現象が引き続いて起こり、世界の海水温のバランスが崩れました。そのために各地で異常高水温が発生し、サンゴが白化したり斃死してしまう現象が世界的規模で起こりました。これが最初の世界規模の白化現象です。このような大規模な白化現象は、第2回目が2010年に起こり、東南アジアを中心に大きな被害を及ぼしました。そして第3回目の白化現象が2014年から2017年にかけて起こりました。その他にも2005年にはカリブ海での局所的な白化現象が起こっていますが、第3回目の白化現象がこれまでで最も大きな被害を伴ったものです[7]。

　一方、最初の世界的大規模白化が起こる4年前、1994年にはサンゴ礁保全のために国や国際機関、NGOで構成されるサンゴ礁イニシアティブ（International Coral Reef Initiative: ICRI）が設立されました。ICRIでは、サンゴ礁研究者の国際的なネットワークである地球規模サンゴ礁モニタリングネットワーク（Global Coral Reef Monitoring Network: GCRMN）を構築し、世界各地のサンゴ礁の現状について情報を集約する仕組みを作り上げていました。そのため、1998年やその後の大規模な白化現象が起こった時には、GCRMNがその被害状況を収集し、ICRIによってその後の保全対策が議論され

7) NOAA, 2017

成山堂書店の出版物をご購読いただき、ありがとうございました。今後もお役にたてる出版物を発行するために、読者の皆様のお声をぜひお聞かせください。

代表取締役社長
小 川 典 子

本書のタイトル（お手数ですがご記入下さい）

■ 本書のお気づきの点や、ご感想をお書きください。

■ 今後、成山堂書店に出版を望む本を、具体的に教えてください。

こんな本が欲しい! (理由・用途など)

■ 小社の広告・宣伝物・ウェブサイト等に、上記の内容を掲載させて
　いただいてもよろしいでしょうか？（個人名・住所は掲載いたしません）

はい ・ いいえ

ご協力ありがとうございました。

お名前		年　齢　　　　　歳
		ご職業
ご住所（お送先）（〒　　　－　　　　）		1．自　宅 2．勤務先・学校
お勤め先（学生の方は学校名）	所属部署（学生の方は専攻部門）	

本書をどのようにしてお知りになりましたか

A. 書店で実物を見て　B. 広告を見て（掲載紙名　　　　　　　　　　）

C. 小社からのDM　　D. 小社ウェブサイト　E. その他（　　　　　　　　）

お買い上げ書店名		
市　　　　　　　　町　　　　　　　　書店		

本書のご利用目的は何ですか

A. 教科書・業務参考書として　　B. 趣味　　C. その他（　　　　　　　　）

よく読む 新　　　聞	よく読む 雑　　　誌

E-mail（メールマガジン配信希望の方）

@

図書目録	送付希望　・　不　要

ています。

　日本でも1998年には大規模なサンゴの白化現象が起こりました。環境省や水産庁等によって緊急調査が実施され、国内の被害状況が把握されました。またその際、長期的なモニタリングの重要性が認識され、2003年に日本国内各地でサンゴの現地調査に携わる研究者のネットワーク（日本サンゴ礁モニタリングネットワーク Japan Coral Reef Monitoring Network: JCRMN）が構築され、2004年から環境省事業「重要生態系監視地域モニタリング推進事業（モニタリングサイト1000サンゴ礁調査）」として、モニタリング調査が毎年実施されるようになりました。これらの調査結果によると、日本国内では1998年以降、2007年と2010年にも高水温による白化現象が起きていましたが、1998年と2016年の大規模白化現象が大きな被害をもたらしたことがわかりました[11]。

　この章では、世界と国内で起こった大規模な白化現象をGCRMNやJCRMNによる報告等の資料から解説していきましょう。

世界の大規模白化現象の概要

（1）1998年：最初の世界的な大規模白化現象

　1998年には、世界的にみて初めての地球規模でのサンゴの白化現象が起こりました[9]。1997年から1998年にかけて現れたエルニーニョおよびそれに続くラニーニャ現象*注は、1950年以降最大といわれ、

＊注
・エルニーニョ現象：南米ペルー沖の海水温度が平年より0.5℃以上高い期間が6か月以上続く。
・ラニーニャ現象：南米ペルー沖の海水温度が平年より0.5℃以上低い期間が6か月以上続く。

9) Wilkinson, 1998、11) 木村　他, 2017

世界各地で異常高水温域を出現させました。

　アメリカ海洋大気庁（NOAA）は、衛星写真から世界の海水温度を算出し、サンゴの白化現象が起こると思われる高水温地域を白化予報として公開しています。それによると、1998年には最も高い警報レベルの白化が起こると予想される高水温が、南シナ海のフィリピンから琉球列島、インドネシア南部、太平洋中部から東部の赤道付近、イ

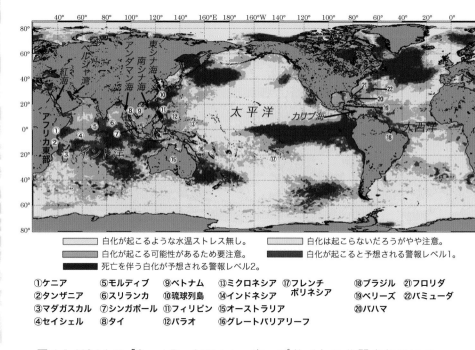

□□□ 白化が起こるような水温ストレス無し。　■■■ 白化は起こらないだろうがやや注意。
■■■ 白化が起こる可能性があるため要注意。　■■■ 白化が起こると予想される警報レベル1。
■■■ 死亡を伴う白化が予想される警報レベル2。

①ケニア　　　　⑤モルディブ　　⑨ベトナム　　　⑬ミクロネシア　⑰フレンチ　　　⑱ブラジル　　㉑フロリダ
②タンザニア　　⑥スリランカ　　⑩琉球列島　　　⑭インドネシア　　ポリネシア　　⑲ベリーズ　　㉒バミューダ
③マダガスカル　⑦シンガポール　⑪フィリピン　　⑮オーストラリア　　　　　　　　⑳バハマ
④セイシェル　　⑧タイ　　　　　⑫パラオ　　　　⑯グレートバリアリーフ

図4-1 NOAAの「Coral Reef Watch」ウェブサイトで公開されている1998年のサンゴの白化警報。
表面海水温度の平年値からの差より算出したサンゴの白化警報レベルを地図上の各色で示す。
（出典：NOAA「Coral Reef Watch」（「https://coralreefwatch.noaa.gov/data/5km/v3.1/image/composite/annual/gif/1998/coraltemp5km_baa_max_1998_large.gif」より改変）

ンドの南に位置するモルディブからアフリカ大陸東岸に位置するマダ
ガスカルにかけてのインド洋および東部アフリカに広がっていたこと
がわかります（図4-1）。

　これらの高水温によるサンゴの被害が最も大きかったのは、ペル
シャ湾のバーレーン、インド洋に浮かぶモルディブとスリランカおよ
びインド洋に面した東アフリカのタンザニア、それにタイ西岸のアン
ダマン海と南シナ海に挟まれたシンガポールで、70％以上のサンゴ
が死亡しました[9]。

　その次に被害が大きかったのは、インド洋に浮かぶセイシェル諸島、
東アフリカのケニア、カリブ海のベリーズ、南シナ海に面したベトナ
ム、タイ、東シナ海、太平洋に面した日本で、それぞれの死亡率は
50〜70パーセントでした。しかし、これらの地域ではその後、一部
で回復したところも見られました。

　中程度の被害があったのは、オーストラリアのグレートバリアリー
フ（Great Barrier Reef: GBR）の一部、南太平洋のフレンチポリネ
シア、大西洋に面したカリブ海のバハマとバミューダ諸島、フロリダ
半島沿岸や、ブラジルの一部沿岸などで、死亡率は20〜50パーセ
ントでしたが、その後は多くが回復しています。

　その一方で、紅海やインド洋南部、カリブ海南部および東部などの
地域では、白化はほとんど目立たないか全く見られませんでした。

　これら1998年の高水温によるサンゴへの被害は、ほとんどが水深
15m以浅の浅い海域で起こり、特に枝状や卓状のミドリイシ類など、
成長の速い種が影響を受けました。一方、塊状の種や成長の遅い種の
ほとんどは、白化しても多くがその後1〜2か月以内に回復しました。

　GCRMNでは、1998年の異常高水温により世界のサンゴ礁の約

9）Wilkinson, 1998

16％が死亡したと推察し、当時、それまでに観察された中でもっとも被害の大きい白化現象であったと結論づけられました。

（2）2005年：カリブ海地域の局所的白化現象

2005年には5月にカリブ海周辺で最初の高水温域の兆候が現れ、その後、高水温域は急速に拡大し、8月にはカリブ海北部とメキシコ湾および大西洋の中部を覆いました[2]。高水温域はその後さらに拡大しつつ10月までその勢力を増し、11月および12月になると冬の気象条件によってようやく正常値近くまで低下しました。これらの高水温域の分布を白化警報地域として示したNOAAによる地図を図4-2に示します。

この高水温の影響によってカリブ海周辺では白化現象が起こりました。最も大きな被害が起こったのは、バージン諸島からトリニダッド・ドバゴまでの小アンティル諸島とバハマからプエルト・リコにかけて広がる大アンティル諸島でした。これらの地域では異常高水温が4〜6か月も続きました。最も高い死亡率を示したのは小アンティル諸島の中の米国バージン諸島で、白化とそれに引き続いて起こった病気のために52パーセントのサンゴが死亡しました。これは、この地域における2005年までの40年以上にわたる観測期間中、最悪の記録となり、また、同じく小アンティル諸島の東端に位置するバルバドスでも、2005年までで最もひどい白化現象が起こり、17〜20％のサンゴが死亡しました。

小アンティル諸島の多くの島では、フランス領西インド諸島のサン・バルテルミー島のように、白化現象が起こった後に病気の感染率が増加し、白化現象により弱ったサンゴがその後病気によって徐々に死亡

2) GCRMN, 2005

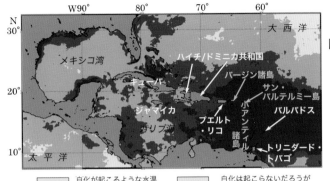

図4-2 年間最高水温に
よる2005年の白
化警報地域（カリ
ブ海周辺海域の拡
大図）。
カリブ海東部および
大西洋西部において
高水温による白化警
報レベル2の高水温
地域が広がっている。

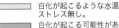

（出典：NOAA「Coral Reef Watch」https://coralreefwatch.noaa.gov/data/5km/v3.1/image/
composite/annual/gif/2005/coraltemp5km_baa_max_2005_crb_930x580.gif）より改変）

するという影響が見られました。

（3）2010年：2回目の世界的な大規模白化現象

　1850年の観測開始から2010年までの間では、2010年が最も温か
い年に当たり、2001年から2010年までの10年間はそれまでの観測
史上最も温かい10年とされました[10]。2009年7月に始まったエルニー
ニョ現象は2010年の初旬まで続き、その後ラニーニャ現象に変わり、
両方の影響で世界各地の海水温が高くなり、2010年のサンゴの白化
現象が引き起こされました[6]。

　白化現象は2010年の初めに太平洋中央部で始まり、5月から6月
にはインド洋や東南アジア、特にインドネシア、マレーシア、パプア
ニューギニア、フィリピン、ソロモン諸島および東ティモールまで広
がりました。そしてその後、カリブ海にもサンゴの白化をもたらしま

6) NOAA, 2010、10) WMO, 2011

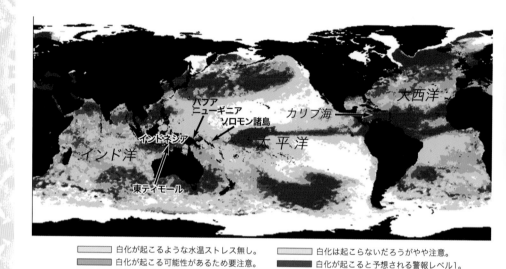

図4-3 年間最高水温による2010年の白化警報地域。
カリブ海から大西洋、太平洋中部および北部、東シナ海から南シナ海およびアンダマ
ン海に至る東南アジア沿岸に高水温による白化警報地域が広がっている。
（出典：NOAA「Coral Reef Watch」「https://coralreefwatch.noaa.gov/satellite/
composites/index.php」より改変）

した（図4-3）。

① 東南アジア

　東南アジアでは2010年1月にインド洋とティモール海の間のイン
ドネシア南周辺で海水温が上昇し始め、3月にはアンダマン海、タイ
湾、南シナ海、フィリピン海に拡散しました[3]（p.100図4-4）。高水
温は4月から11月まで続き、東南アジア地域内の広範囲にサンゴの
白化現象を引き起こしました。

　白化現象の程度は、多くの地域で1998年（推定死亡率18%）と同
程度かあるいはそれより悪いと考えられましたが、海域により大きく

3) GCRMN, 2010

写真4-1 アンダマン海（タイ）の白化現象。
①-⑤：プーケットリーフ。
⑥・⑦：プーケットホームランリーフ。

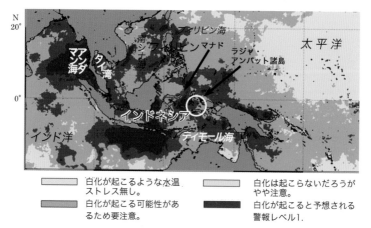

図4-4 2010年の東南アジア周辺における年間最高水温による白化警報地域。
（出典：NOAA「Coral Reef Watch」https://coralreefwatch.noaa.gov/data/5km/
v3.1/image/composite/annual/gif/2010/coraltemp5km_baa_max_2010_
coraltriangle.gif より改変）

異なっていました。例えば、シンガポールでのサンゴの死亡率は
10％未満でしたが、アンダマン海（タイp.99写真4-1）やインドネ
シア、フィリピンなどではサンゴの60〜90％が死亡しました。一方、
インドネシアの北スラウェシ州マナドや西パプア州ラジャ・アンパッ
ト諸島周辺などでは水温が低く、白化が見られなかった場所もありま
した。

② カリブ海（トリニダード・トバゴ）

カリブ海各地でもサンゴの白化現象が観察されました（図4-5）。
特にトリニダード・トバゴのトバゴ島では、大規模なサンゴの白化現
象が起きました。高水温の状況は大西洋側とカリブ海側で場所によっ
て異なり、各地域では平均で9〜31％のサンゴが白化していました。
死亡率は地域で大きな変化はなく、2.6〜8.3％の範囲にありました

が、白化現象から12か月後に死亡するサンゴもあり、最も変化の大きいところでは12か月後に73.7%のサンゴが死亡しているところもありました[1]。

(4) 2014 ～ 2016年：3回目の大規模白化現象
―過去最大規模の被害―

　2014年に数か月間の高水温状態が続いたのち2015年から2016年にかけて、1949年以降に発生した中で最大のエルニーニョ現象が起こりました[8]。そして、それに伴った大規模なサンゴの白化現象が2014年から2017年にかけて世界各地で記録されています（p.102表4-1）。この大規模な白化現象は、1998年と2010年に続く3番目の世

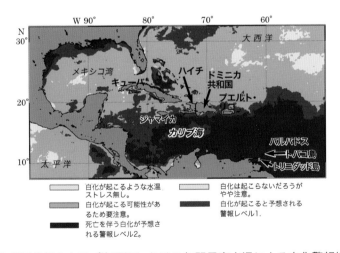

図4-5 2010年のカリブ海周辺における年間最高水温による白化警報地域。
（出典：NOAA「Coral Reef Watch」https://coralreefwatch.noaa.gov/data/5km/v3.1/image/composite/annual/gif/2010/coraltemp5km_baa_max_2010_crb_930x580.gif より改変）

1) Alemu and Clementl, 2014、8) NOAA, 2018

界規模のものであり、その中でも最も長期にわたり、最も広い範囲の
サンゴ礁に影響を与え、過去最大の被害をもたらしたとされました。

　2014年にはグアムから北マリアナ諸島およびハワイまでの海域と
メキシコ湾のフロリダで白化現象が確認されました（図4-6）。2015
年にはハワイおよびメキシコ湾で再び白化現象が起こりサンゴに被害
が出ました。この年は他に南太平洋とカリブ海で大規模な白化現象が、
東南アジア（インドネシア）と紅海でも局所的な白化現象が見られま
した（図4-7）。2016年にはオーストラリアのGBRでサンゴの90%
が白化するという大規模な白化現象が起こり、一部ではサンゴの
80%が死亡した場所もありました（その様子は少し詳しく後述しま

表4-1 2014年から2016年にかけて世界各地で高水温による白化現象が
　　　確認された地域

年	海域	国および地域
2014年	北太平洋	グアム・北マリアナ諸島、マーシャル諸島、ハワイ
	メキシコ湾	フロリダ
2015年	南太平洋	ソロモン諸島、パプアニューギニア（PNG）、フィジー、サモア、キリバス、ライン諸島、フェニックス諸島
	北部太平洋	ハワイ
	東南アジア	インドネシア
	紅海	
	カリブ海	パナマ、バハマ、タークス＆カイコス諸島、ケイマン諸島、ドミニカ共和国、ハイチ、オランダ領ボネール島
	メキシコ湾	フロリダ
2016年	インド洋	ケニア、タンザニア、コモロ諸島、マダガスカル、マスカリーン諸島（レユニオン・モーリシャス・ロドリゲス）、セイシェル
	南太平洋	フレンチポリネシア、ニューカレドニア、フィジー、オーストラリア・グレートバリアリーフ（GBR）、キリバス

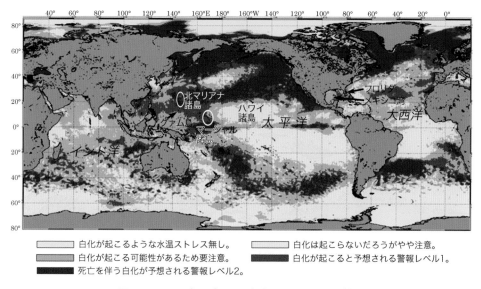

白化が起こるような水温ストレス無し。　　白化は起こらないだろうがやや注意。

白化が起こる可能性があるため要注意。　　白化が起こると予想される警報レベル1。

死亡を伴う白化が予想される警報レベル2。

図4-6 2014年の年間最高水温による白化警報地域。

（出典：NOAA「Coral Reef Watch」https://coralreefwatch.noaa.gov/data/5km/v3.1/
image/composite/annual/gif/2014/coraltemp5km_baa_max_2014_large.gif より改変）

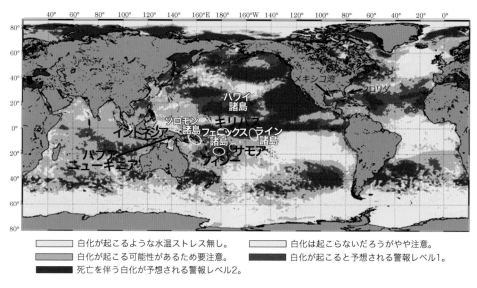

白化が起こるような水温ストレス無し。　　白化は起こらないだろうがやや注意。

白化が起こる可能性があるため要注意。　　白化が起こると予想される警報レベル1。

死亡を伴う白化が予想される警報レベル2。

図4-7 2015年の年間最高水温による白化警報地域。

（出典：NOAA「Coral Reef Watchhttps://coralreefwatch.noaa.gov/data/5km/v3.1/
image/composite/annual/gif/2015/coraltemp5km_baa_max_2015_large.gif」より改変）

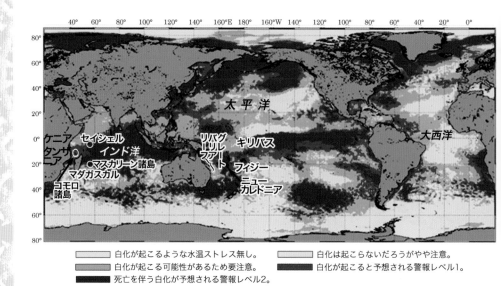

図4-8 2016年の年間最高水温による白化警報地域。

（出典：NOAA「Coral Reef Watch」https://coralreefwatch.noaa.gov/data/5km/v3.1/
image/composite/annual/gif/2016/coraltemp5km_baa_max_2016_large.gifより改変）

す）。また、インド洋の広範囲な海域と南太平洋の島嶼国でも白化現
象が起こりました（図4-8）。

（5）オーストラリア：グレートバリアリーフ（GBR）の大規模白化現象

GBRでは、2016年の後、2017年にも大規模な白化現象が起こり、
2年にわたって北部では約60％のサンゴが死亡するという、大きな被
害を受けました。ここでは、GBR海中公園局が発表したサンゴの白
化についての報告などからGBRの様子をまとめてみます[4,5,8]。

2016年に起こった白化現象は、オーストラリアの過去20年間で最
も激しく、サンゴ礁の91％が影響を受けました。海中公園の中の浅

4) Great Barrier Reef Marine Park Authority, 2017、5) Hughes *et al.*, 2017、8) NOAA, 2018

い海に広がるサンゴのうち29％が死亡したと見積もられています。最も死亡率が高かったのは、海中公園の最北部であるヨーク岬とリザードアイランドの間の区間で、海中公園地区の北部3分の1を占めています。その中でもグレンビル岬とプリンセス・シャーロット湾周辺では、平均で80％の死亡率を示しました。一方、GBRの南側ではこの年ほとんど白化せず、また全く死亡していないところも多くありました（図4-9左図）。

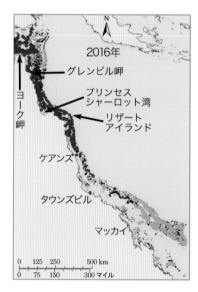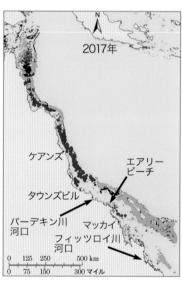

図4-9　グレートバリアリーフ（GBR）における2016年（左）と
　　　2017年（右）の白化現象の起こった状況。
　　　●は最も白化の影響が大きかった地点、●は白化がなかったか、あるいは
　　　無視できるほど小規模な白化現象が見られた地点を示す。
　　　　　　（出典：「Great Barrier Reef Marine Park Authority 2017」から改変）

2016年は、高水温の夏季が終わり冬季になっても水温が平均値を上回っていました。そのため、2017年の夏までの間に水温によるストレスが蓄積され、第2の大規模な白化現象をもたらしました。2017年の白化現象の出現パターンは2016年とは異なっており、2016年の時よりも海中公園のかなり南まで伸びています（p.105図4-9右図）。

これらの白化現象に加えて、2017年3月には大規模なサイクロン・デビーがエアリービーチ付近を通過したため、サンゴが破壊されたり、サイクロンに伴った集中豪雨によってバーデキン川とフィッツロイ川で洪水が起きたため、河口域に濁流が流出してサンゴの回復力を低下させたとも考えられました。

2016年から2017年にかけて起こった様々な撹乱により、GBRは過去最大の危機に瀕していることが分かりました。

4-2 日本国内で起きた大規模白化現象

1998年に世界各地で高水温による白化現象が起こるなか、日本でも大規模な白化現象が起こりました。それをきっかけにして2003年から環境省による国内のサンゴ礁モニタリング調査（モニタリングサイト1000サンゴ礁調査）が開始されました[13]。調査によると、2007年と2016年および2017年に大規模な白化現象が記録されています。また、2009年には小笠原諸島で初めての白化現象が確認されました。ここでは、このモニタリング調査結果等の資料から日本国内における主な白化現象について記します。

---

13) 環境省, 2009

（1）1998年：全国的な大規模白化現象 [12)]

　1998年は、鹿児島県のトカラ列島から沖縄県までの主にサンゴ礁地形が形成される海域（「主なサンゴ礁域」と呼びます）では、トカラ列島と奄美大島、沖縄島、慶良間諸島、宮古島、石垣島、西表島などほとんどの海域で白化現象が見られ、多くの地域ではサンゴの60％以上が白化していました。一方、トカラ列島より北側に位置し、サンゴ礁地形はあまり発達しませんが、ところどころにサンゴの大きな群集が見られる本州から九州までの海域（「高緯度サンゴ群集域」と呼びます）では、和歌山県、徳島県、高知県などサンゴが主に分布する地域で広く白化現象が観察されました（ただし、千葉県の館山や伊豆周辺および長崎県の五島列島以北の日本海側については、当時情報が入手できず、白化の状況が分かっていません）。これらの地域のうち、九州南部でサンゴの60％以上が白化していました。つまり1998年は、九州南部から琉球列島までの広い範囲で60％以上の高い白化率を示した地点が広がっていたことになります。

　主なサンゴ礁域では、沖縄県の石垣島と西表島の間に広がる石西礁湖でサンゴの21％が死亡したと推察されました。また、石垣島周辺ではサンゴの約60％が死亡し、石西礁湖より大きな被害を受けていました。これらに比べて高緯度サンゴ群集域では、ほとんどサンゴの死亡が見られる、大きな被害はありませんでした。

（2）2007年：八重山海域の白化現象

　日本国内でのモニタリング結果から、主なサンゴ礁域では、2003

12）財団法人海中公園センター , 2000

年にモニタリングを開始して以降、2004年を除く毎年白化現象が確認されていますが、30パーセント以上のサンゴで白化が起こったのは2007年と2016年、2017年でした。このうち20パーセント以上のサンゴが死亡したのは2007年と2016年でした（図4-10上）。

　一方、高緯度サンゴ群集域では最も大きな白化が起こった2010年でも12%程度の白化率と0.3パーセントの死亡率であったので、大きな影響はなかったと言えます（図4-10下）。

　図4-11に2007年のモニタリング調査結果から、各調査サイトにおける平均白化率と平均死亡率を示します。

　主なサンゴ礁域では、石西礁湖周辺と石垣島周辺で白化率および死亡率が高く、大規模な白化現象が起きていました。特に石西礁湖の東

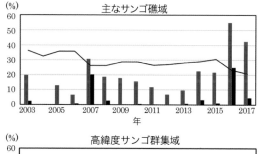

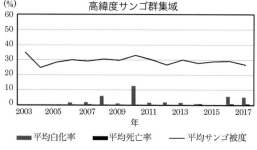

上はサンゴ礁域15サイト（奄美群島、沖縄島東岸・西岸・周辺離島、慶良間諸島、宮古島、八重干瀬、石垣島東岸・西岸、石西礁湖北部・東部・中央部・南部、西表島、小笠原）の平均値、下は高緯度サンゴ群集域7サイト（館山、壱岐、串本、四国南西岸、鹿児島県南部沿岸、天草、屋久島）の平均値。

図4-10 モニタリングサイト1000サンゴ礁調査におけるサンゴ被度と白化率および死亡率の変遷。

部と南部および中央部ではサンゴの約60パーセントが白化し、40パーセントが死亡するという大きな被害を受けていました。これらに次いで宮古島の離礁（八重干瀬）でも40パーセント近いサンゴが白化しましたが、死亡するものはなく、被害は軽微だったと言えます。その他の地域ではほとんど白化が見られませんでした。一方、高緯度サンゴ群集域では、白化現象が見られたサイトでも白化したのはサンゴの3パーセント以下であり死亡したものはほとんどなかったため、高水温による影響はほとんどなかったと判断されました。

　このように、2007年の高水温による白化現象は、主に石垣から石西礁湖および西表島に至る八重山海域で大規模に起こり、これらの海域での平均白化率は47%、平均死亡率は32%でした（図4-11）。

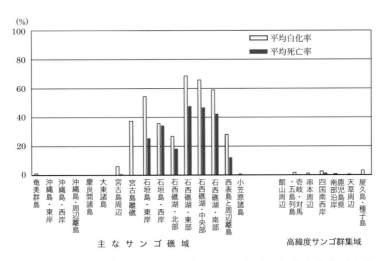

　図4-11　2007年の各モニタリングサイトにおける平均白化率（白色の棒グラフ）と平均死亡率（青色の棒グラフ）。

（3）2009年：小笠原諸島で初めての局所的白化現象

小笠原諸島の父島では、2009年に内湾の枝状ミドリイシの大群集において局所的な白化現象が起こりました（図4-12）。

この時、小笠原諸島の全調査地点の平均白化率は19パーセント、平均死亡率は6パーセントでしたが、内湾の調査地点では白化率80パーセント、死亡率は40パーセントを記録しました。他のサンゴ礁域の島嶼から離れた海洋島であり、周囲の潮流が速く比較的水温の上がりにくい小笠原諸島では、2004年に調査を開始してから初めての白化現象でした。

（4）2016年：先島諸島の大規模白化現象

2016年の各調査サイトにおける白化の状況を図4-13に示します。主なサンゴ礁域の中で宮古島から石垣島および西表島までの先島諸島周辺で大規模な白化現象が起こりました。石西礁湖（p.113写真4-2）と西表島周辺ではいずれも90パーセントを超えるサンゴが白化し、宮古島離礁（八重干瀬）と石垣島の白化率はサンゴの50〜70パーセントでした。また、宮古島離礁（八重干瀬）と石西礁湖では、平均で50パーセント以上のサンゴが死亡し、特に石西礁湖の東部では、99.5パーセントのサンゴが白化、67.9パーセントのサンゴが死亡するという大きな被害を受けました。

高緯度サンゴ群集域では、鹿児島県南部沿岸で20パーセント程度白化が記録されたものの死亡率は0パーセントでした。屋久島・種子島では白化が10パーセント未満死亡は、5パーセント未満見られたものの、いずれも軽度の白化であり、被害はほとんどなかったと言え

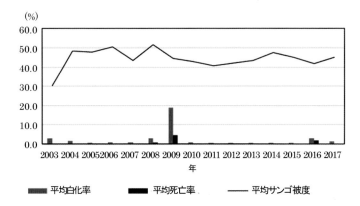

図4-12 モニタリングサイト1000サンゴ礁調査における
2003年から2017年までの小笠原諸島サイトの平均サン
ゴ被度、平均白化率、平均死亡率の変遷。

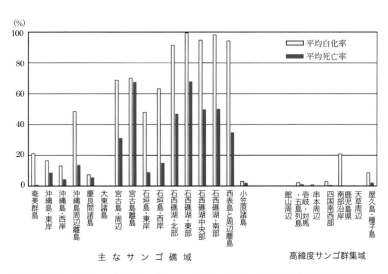

図4-13 主なサンゴ礁域の各モニタリングサイトにおける2016年の
平均白化率と平均死亡率。

ます。

（5）2017年：琉球列島の白化現象

　2017年の各サイトにおける白化の状況を図4-14に示します。主なサンゴ礁域のうち、奄美群島、沖縄島、石西礁湖、西表島周辺で白化現象が確認されました。奄美群島ではサンゴの32パーセント、沖縄島周辺で30パーセント、石西礁湖で91パーセント、西表周辺で85パーセントが白化しました。しかし死亡率は2016年に比較すると低く、最も高い石西礁湖で9パーセント、次いで西表周辺の7パーセント、沖縄島周辺で5パーセントを示し、奄美群島では1パーセント未満でした。2016年に白化率、死亡率ともに高かった宮古島及び宮古島離礁（八重干瀬）では、生き残ったサンゴに白化現象は目立たず、また、2016年に比較的高い白化率を示した石垣島周辺でも2017年は、白化率、死亡率共に0.5パーセント未満の低い値でした。

　一方、高緯度サンゴ群集域では、串本周辺で最も高い13.3パーセントの平均白化率が記録されましたが、死亡率は0.5パーセントでほとんど被害はありませんでした。

　2017年は、奄美群島と沖縄島ではサンゴの30パーセント程度で、石西礁湖から西表島周辺では80 〜 90パーセントのサンゴで白化現象が起こりましたが、死亡率は高くて11パーセント程度（石西礁湖・東部）であったので、大きな被害ではありませんでした。

　以上のように、1998年には九州から沖縄県までの海域でサンゴの60パーセント程度が白化し、これまでで最も広域に白化現象が起こりました。この時の被害は沖縄県内で高く、最も南に位置する石西礁湖でサンゴの21パーセントが、石垣島周辺でサンゴの60パーセント

写真4-2
2016年石西礁湖
マルグーの白化現象。

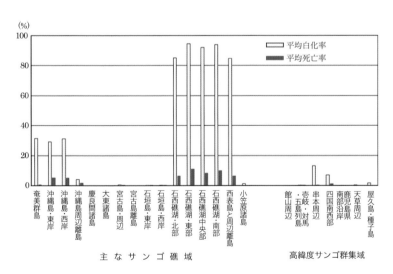

図4-14 2017年の各モニタリングサイトにおける平均白化率と平均
死亡率。

が死亡しています。これ以降の白化現象は主にサンゴ礁域で起こっており、2007年が沖縄県の石垣島から西表島に至る八重山海域で、2016年は宮古島から西表島までの先島諸島で、2017年は奄美大島から西表島までの琉球列島で起こりました。これらの白化現象の中で最も被害が大きかったのは2016年で、石西礁湖と西表島周辺では90パーセントを超えるサンゴが白化し、宮古島離礁（八重干瀬）と石西礁湖では平均で50パーセント以上のサンゴが死亡しました。この死亡率で比較すると2016年の白化現象がこれまでで最も大きな被害をもたらしたことになります。

4-3 サンゴの保全にむけて

これまで述べてきたように、1998年以降の20年間に世界では異常高水温による大規模な白化現象が3回（1998年、2010年、2016年）、地域的に局所的な白化現象が1回（2005年）起こっており、それぞれの白化現象において被害を受けた海域をみると、地球上でサンゴ礁が存在するほぼすべての海域が大規模な影響を受けていることが分かります。サンゴ群集はこのような被害を受けても、生残した群体の成長や新たな幼生の加入によって再生する力があります。しかし、気候変動による温暖化の影響を考慮すると、異常高水温の頻発化が予測されており、被害を受けたサンゴ群集が元の状態に戻るよりもはるかに早く次の大規模な被害を受けることが考えられています。このような予想が現実になると、多くの海域では、高水温に比較的強い限られた種類のサンゴ群体が、大きく成長しきれないまままばらに点在するような状況になることも考えられ、これまで私たちが目にしてきたよう

な素晴らしいサンゴ礁の水中景観が保てなくなるのではとさえ思えます。

　世界と日本のサンゴ礁モニタリングネットワークでは、各地のサンゴ礁生態系の変化を捉えつつその情報を広く共有する仕組みを構築していますが、単に他の研究者がそれらの情報やデータを用いて科学論文を書く機会を与えているのではありません。これらの情報を提供することで、様々な気象データや海域の水質データなどとつき合わせ、特に被害が少ない海域や潜在的な回復力が高い海域などを特定し、それらが将来のサンゴ群集の母集団としての機能を果たせるよう保護されるなどの保全活動に結びつくことを願っています。また、被害を受けた海域を特定することで、赤土や生活排水や観光利用による負荷を極力低減し、サンゴ群集の回復・再生が促進されることを期待しています。それらにもましてサンゴの大規模白化現象から我々が学ぶべき最も重要なことは、サンゴ礁におけるこれらの保全活動の努力が一瞬にして無になるような被害が気候変動によって起こってしまうことを認識し、現在の生活スタイルを見直しながら温暖化対策について真剣に取り組むことでしょう。

5章 サンゴは貴重な生物

5-1 なぜ貴重なのか

　50年以上も前、沖縄の海ではサンゴが至るところにあり、踏みつけられて壊れてもすぐに復活する無敵の生物でした。しかし世界中の暖かい南の海で悠然（ゆうぜん）と暮らしていたサンゴが減り続けています。サンゴを食べるオニヒトデの大発生に始まり、近年の地球温暖化による海水温度の上昇が引き起こす白化現象による大量死、さらには病気、陸からの様々な汚濁物質や化学物質と原因は様々で、サンゴにとって生き残るのが厳しい状況に追い込まれています。

　美しいサンゴ礁を作り出すサンゴを守るにはどうしたらいいのか、人の手で増やすにはどのような方法があるのか、様々な取り組みが行われています。そもそもなぜサンゴが無くなると問題なのでしょうか。失われ始めてサンゴが貴重な生物であることが認知されるようになってきました。

　生物のサンゴは日々成長し、長い年月をかけてサンゴ礁を作っています。サンゴが減ったり、無くなったりすると私たちにどのような影響が起きるのでしょうか？　サンゴやサンゴ礁の役割、価値を考えてみましょう。

（1）天然の防波堤

　サンゴ礁は島の周りを縁取るように発達しています。サンゴ礁の沖

写真5-1 天然の防波堤としてのサンゴ礁。
　①沖縄県チービシ諸島の神山島、島を縁取るサンゴ礁によって内側が守られています。
　②鹿児島県与論島、左方向からの外洋の波を砕くサンゴ礁。（出典：Google earth）

合側では白波が立っていることがあり、外洋とサンゴ礁の境目がわかります。風の強い日や台風の大きな波（あるいは津波も）をそこで砕き（消波作用）内側の島を守ってくれるため、天然あるいは自然の防波堤と呼ばれます（写真5-1）。これだけの大きさのものを人工構造物（例えばテトラポッドなど）で造ると、莫大なお金が必要であることは容易に想像できます。地球温暖化で今後、海水面は上昇し台風は巨大化することが予測されているので、サンゴ礁の役割や価値はますます高くなっています。

　サンゴ礁の土台は、サンゴや貝などの死骸すなわち炭酸カルシウム（石灰岩）でできており、その上でサンゴが日々成長しています。しかし、石灰岩はいつまでも残ってはいません。炭酸カルシウムは柔らかいので様々な生物が穴をあけたり、魚が表面の海藻と一緒にかじったりするので、次第に壊れていきます。長い目で見ると、天然の防波堤も次第にもろくなるのです。生きているサンゴがいて石灰を積み上

げ補強していくことが重要です。

（2）経済的価値

① サンゴの価値

　サンゴ等の海洋生物をじかに観察する機会は少なくても、透明度が高く暖かいサンゴ礁の海の光景は、海水浴やマリンレジャーの場として人々をひきつける魅力を持っています（写真5-2、5-3）。アメリカのハワイ、オーストラリアのグレートバリアリーフ、インド洋のモルジブ、インドネシアのバリ、タイのプーケットなど、それらの地名からサンゴ礁のイメージが浮かぶと思います。

　スノーケリングやダイビングを通して、より深くサンゴ礁生物へ目を向ける人も増え、魚やウミウシなど特定の生物を求めて足しげく通うマニアも見かけます。海の生物に関する情報が多くなり、安価で手軽に使用できる防水デジタルカメラの普及も相まって海への関心が高まり、サンゴ礁へアクセスする障壁が低くなってきました。

　日本国内のサンゴ礁の経済的価値は1年で2,000億円以上になると試算されています。オーストラリアのグレートバリアリーフでは、白化現象などによってサンゴが激減し、訪れる人も減っています。オーストラリア政府はサンゴ礁から得られる収入の1%をサンゴ礁保全対策に投入しており、経済資源としてサンゴ礁の重要性を高く評価していることがうかがえます。

　しかしその一方で、サンゴ礁の利用はサンゴなどの海洋生物への負荷を増しつづけてきました。サンゴ礁を壊すような物理的な影響を始め、陸域からの土壌粒子や栄養塩・除草剤などの化学物質がサンゴ礁への流入することも懸念されています。高濃度の栄養塩があると、褐

写真5-2 ハワイの代表的なサンゴ礁の
　　　ビーチのハナウマ湾。

写真5-3 古宇利島（沖縄）サンゴ礁の
　　　ビーチ。

虫藻は自身の増殖にそれを利用しサンゴに光合成産物を渡さなくなる
ため、サンゴの成長を低下させます。また、オニヒトデの幼生の餌の
植物プランクトンを増やし、サンゴと競合する海藻の成長を促進する
負の側面もあります。サンゴ礁は海と陸のはざまにあり、陸域の影響
をすぐに受ける場所なので、マングローブや海草藻場と同様弱い生態
系です。ハワイの代表的なサンゴ礁のビーチのハナウマ湾（写真
5-2）では、海水浴客へサンゴ礁やサンゴ礁生物の保全に関する事前
のレクチャーを受けることが義務付けられています。外国では島ごと
あるいは海岸ごとに入域や利用が制限されている場所も多く、日本国
内のサンゴ礁においても海洋保護区の設定と拡充が望まれます。

② 水産資源

　サンゴ礁に棲んでいる魚類は、北の海の地味な魚とは対照的に赤色、
黄色、青色等カラフルな種類が多く、目を奪われます（p.121写真
5-4）。海の生物が登場する映画、アニメ、自然番組も増えています。

いろいろな種類の生物がたくさんいるということは、裏を返せば同じ種類が大量に獲れないということであり、漁業としてはあまり効率的ではありません。サンゴは、海水中の栄養分が少なく、植物プランクトンや動物プランクトンが少ない海に棲息します。

　サンゴ礁で獲れる魚には高級魚も少なからずいます。方言でイラブチャーと呼ばれるブダイ類、タマン（フエフキダイ類）、ミーバイ（ハタ類）、マクブ（ベラの一種）は、直接あるいは間接的にサンゴ礁に依存しています。小さいながらも集団で獲れるスク（アイゴの稚魚）やミジュン（イワシなどの仲間）の大群も重要な水産資源です。二枚貝のシャコガイ類はサンゴと同じように褐虫藻を体内に宿し、その光合成に依存するため太陽の光が必要です、太陽に向けて開く鮮やかな外套膜は目立ちます。サンゴ礁で見られる動物としては、他にタコ類、イカ類、巻貝類がいます。ウニ類、ナマコ類も一部が食用として利用されています。

　サンゴがいなくなると、海藻が増え、海藻を食べる草食魚が少し増えますが、ほとんどの有用水産資源は激減します。オセアニア等の南方の島ではサンゴ礁魚類等の水産資源にタンパク源を依存している所が多く、そこではサンゴ礁は生きていくための食料源であり、サンゴ礁が劣化すると食料を求めてより破壊的な漁業が進行することが心配されています。

（3）遺伝子資源

　サンゴ礁は海のオアシスあるいは海の熱帯雨林と呼ばれ、実に多種多様な生物が暮らしています。1種類の生物が一度で大量に漁獲される方が、水産業としては好都合です。では、水産資源として利用でき

写真5-4 水産資源として
のサンゴ礁。
　那覇市公設市場の色鮮や
かな魚たち。サンゴ礁に
は、シャコガイやイカ、
イセエビやガザミ、ウニ
やナマコ、モズクやウミ
ブドウなどの海藻類を見
ることができます。

ないものは重要ではないのでしょうか。

　生物多様性の高い場所にはいろいろな生物が存在し、それぞれが独
自の様々な物質や遺伝情報を持っています。熱帯雨林やサンゴ礁は遺
伝子資源の宝庫と称されます。人にとって有用な生理活性物質等が、
これまでサンゴ礁生物から発見されてきましたが、今後もその重要性
は増すばかりです。近年、世界中で地元の生物資源を保護する方向で
規制が強化されています。その理由は、それらの生物が持つ遺伝情報
が将来大きな資源となる可能性を持つことがわかってきたからです。

　サンゴ礁に棲む多種多様な生物は、雑然と混在しているわけではあ
りません。それぞれの生物が周りの生物や環境と密接に関係を持って
います。共生・寄生、捕食・被食、成長・破壊等の様々な関係が数時
間で起こることもあれば、数千年・数万年の時間の中で繰り返される
過程で、自身の防御あるいは攻撃目的で遺伝子を組み替えた結果、新
しい種が生まれ、また同じ種類でさえ異なる形態、色、生理機能など
を付け加えてきました。

　近年、ヒトの健康に腸内細菌の種類が大きく影響することがわかってきました。いわゆる悪玉菌が増加するとバランスを崩して不調をきたすため、善玉菌の乳酸菌やビフィズス菌の入った食品や善玉菌の成長を促進する食物の摂取が推奨されています。ピロリ菌が胃がんの原因の一因になるため、予防措置として除菌治療をすることも腸内細菌と健康との関係が重要であることを示す一例です。このように、腸内細菌のバランスを改善することにより、人に有益な作用をもたらす生きた微生物あるいはそれらを含む製品を含めてプロバイオティクスと称します。食べ物の消化・吸収を助けてくれる腸内細菌がいなければ、ゴキブリやパンダ、コアラは死んでしまいます。それはいずれも赤ちゃんの時に親の糞を食べて、その中にいる腸内細菌を獲得しているからです。親の糞を得られない無菌状態で育てても生きてはいけません。サンゴも無菌状態で飼育すると、生育に問題が生じます。

　サンゴの健康状態においても細菌が大きく関わることがわかってきました。同じ種類のサンゴでも、高水温に対する白化耐性や感染症に対する応答が異なります。したがって、サンゴ礁の保全とはサンゴだけではなく、褐虫藻や細菌などを含めた仲間（ホロビオント）を守ることが重要です。人間の腸内細菌とプロバイオティクスの考え方は、サンゴにもあてはまります。サンゴ礁を守り残すためには、サンゴだけでなく、ホロビオントとしての視点から、サンゴ礁生態系と自然環境の劣化を防ぐことが必要です（写真5-5）。

写真5-5 遺伝子資源としてのサンゴ礁。① 波当たりの強いリーフの外側には塊状やテーブル状のサンゴが多く (左)、穏やかな内側 (右) には枝状や葉状のサンゴが見られます。② サンゴだけでなく、褐虫藻や細菌を含めた集合体（ホロビオント）としてのサンゴの保全が必要です。

写真5-6 サンゴ石が使われている石垣。

5-2 サンゴはどのように利用されている？

① 石灰岩としての利用

　サンゴは魚や貝や海藻のように直接食べることのできる食材ではありません。イソギンチャクのようなサンゴ虫が死んでも、石灰（炭酸カルシウム）という石の骨格部分は残るので、昔は海から拾ってきて家の柱の土台にしたり、積み上げて家の周りの石垣を作ったり、利用していたこともあります。(p.123写真5-6) さらに炭酸カルシウムという化学組成を利用し、高温で焼いてセメントの材料に、あるいはサトウキビの煮汁に入れてあく抜きに利用することもあります。しかし、これらはいずれも石灰岩となったもの（化石サンゴなど）を利用しており、現在、海にあるサンゴ（石）をこのような目的で使用することはできません。

② 伝統的な民俗文化

　沖縄県立埋蔵文化財センター（西原町）や沖縄県立博物館・美術館（那覇市）を訪ねると，先人達の知恵や伝統技術について学ぶことができます。サンゴ骨格の美しい幾何学的文様を利用した「サンゴ染め」、サンゴ骨格で作られた骨壺（厨子甕，ジーシガーミ）、テーブル状ミドリイシを用いた墓石，様々なサンゴを積み上げた石垣，魔除けとしてのスイジガイ，ゴホウラの貝輪（貝製腕輪）など素材そのものに近いものから，螺鈿細工など多岐に渡ります。また、宮古島に今はほとんど使用されなくなりましたが，石灰岩の岩で海岸を囲み，干潮時に逃げ場を失った魚を捕獲する魚垣（写真5-7）も生活との繋がりが形

写真5-7 宮古島狩俣に伝わる魚垣漁業。（写真提供：bok*to*z*wa）

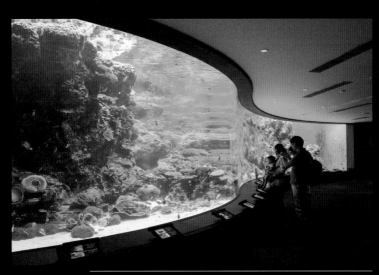

写真5-8 沖縄美ら海水族館のサンゴ水槽「サンゴの海」。
（写真提供：国営沖縄記念公園（海洋博公園）沖縄美ら海水族館）

として残っています。

③ 観 賞 用

　生きているサンゴそのものを購入し、鑑賞する利用があります。サンゴを展示する水族館も増え（p.125写真5-8）、自宅の水槽にサンゴを入れて飼育するアクアリストもいます。実はサンゴの飼育は思いのほか難しく、長期飼育をするには海水の質、光、水流、餌などいろいろな条件の調整が必要です。なお、海にいるサンゴを取ることは禁じられていますが、許可を得た養殖業者や専門のショップから購入することができます。

④ 環境教育と保全活動

　サンゴ保全の手段の一つとして、サンゴ移植プログラムも環境教育の一環として導入されています（写真5-9）。これは民間ベースで改良された大量増養殖技術に支えられています。知識としてのサンゴ礁保全だけではなく、マングローブ植物（ヒルギ類）の移植とならんで具体的に手を動かして移植のルーチンの一過程（サンゴ枝を移植基盤に結わえる等）を体験することの教育効果は高いものと思われます。サンゴの保全活動は企業にとってもイメージアップ効果が高いので、商品の売り上げの一部、あるいは社会貢献活動として利益の一部をサンゴ保全活動に寄付する事例も増えています。

⑤ 学術研究のテーマ

　サンゴやサンゴ礁は研究材料としても魅力的です（写真5-10）。学術資源と書くとお堅いイメージですが、学術研究はいわゆるオタクの

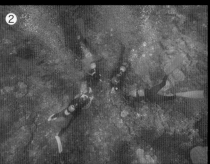

写真5-9 サンゴ保全としての環境教育。① スノーケリングの練習とサンゴの観察をしている公開臨海実習参加者。（琉球大学熱帯生物圏研究センター瀬底研究施設）② サンゴ移植中のダイバー（沖縄県名護市）。

写真5-10 琉球大学熱帯生物圏研究センター瀬底研究施設。（沖縄県本部町）① 施設全景の航空写真。② 研究施設の屋外水槽。サンゴ礁に近接し、流海水水槽を用いた飼育実験等を行っています。

世界です。自然科学の世界では宇宙や恐竜など手の届かない、そして医学、農学、工学のような実学領域とはかけ離れた現象の解明に燃える人々がいます。サンゴ礁についても同様で、関連する分野は、地学、生物学、化学、物理学などの理系から保全学や民俗学まで多岐に渡り

ます。「なぜ？」「知りたい！」という欲求は学術分野の枠を越えて、あらゆる領域に普遍的に存在します。動物として、地球環境の変化を教えてくれるサンゴ、あるいはサンゴに関わる動植物や微生物に至るまで、謎解きはたまらないものです。より専門的に取り組む研究者は、その結果を論文やマスコミに発表し、成果を社会に還元しています。

5-3 海中で他の生物に与える影響

サンゴ礁に棲む多くの生物が直接あるいは間接的にサンゴを必要としています。サンゴは他の生物たちにどのような影響を与える存在なのでしょうか。

（1）棲み家を提供するサンゴ

砂地や平たい岩の表面にも生物は棲み着いていますが、表面に隙間が多いとその空間を利用してより多くの種類が棲み込むことができます。人工的な魚礁に魚が集まるのも同じ理由です（蝟集効果）。大きな魚も小さな幼魚の時にはより大形の捕食者の餌になりかねません、隠れ家の有無は幼いそして体の小さな生物にとても重要です。

表面の複雑さだけではありません、サンゴの骨格は柔らかいので穴を掘って自らの棲み家を作り出す生物も少なくありません。シャコ貝はサンゴ骨格を少しずつ溶かし、また殻で削りながら次第に潜り込んで自分の棲み家を作ります、まるでリフォームしているかのようです。穴を掘る能力にたける海綿動物は外からはあまり目立ちませんが、思いのほかその破壊の影響は大きく、サンゴ礁を壊す側の主役です。作り出す者と壊す者、スクラップ・アンド・ビルドが日々進行し、より

複雑な空間を提供してくれるのがサンゴ礁です。サンゴの骨格がもし硬いガラス（二酸化ケイ素）でできていたなら、サンゴ礁の光景はあまり形が変わらず変化に乏しい、そして生物の少ない場所になっているはずです。

（2）食料を提供するサンゴ

　サンゴのアパートには多くの住人が集います。空間利用に限らず、穴を掘る者、表面に付着する者たちが棲み着き、そこでプランクトンを濾過して食べたり、中には他の住人を餌にしたりする肉食者もいます。

　人工の構造物とサンゴ礁が異なるのは、アパートの大家であるサンゴそのものが住人達に食料を供給してくれることです。サンゴは海水に溶けている、無限の炭素（重炭酸イオン）を材料に、そして太陽の光をエネルギーとして利用し、褐虫藻が光合成をして有機物を作ります。その光合成産物のほとんどを動物のサンゴが吸収し、さらにサンゴは体の外に粘液等の形で有機物を放出します。粘液には、糖はもちろんアミノ酸や脂肪なども含まれていて、この栄養豊富な粘液をすすって生きている、すなわちサンゴがないと生きていけない生物も多くいます。熱帯雨林の土壌にはほとんど栄養分がなく、有機物は樹木に閉じ込められています。同様に、サンゴ礁では海水中にプランクトンなどの有機物が少なく、有機物はサンゴの体の中に蓄えられ、サンゴから海水中に粘液の形で出て行き、最終的にまわりの生物たちの食料供給源となっています。

（3）サンゴは海をきれいにする

　栄養塩と呼ばれる窒素の化合物（アンモニウムや硝酸イオンなど）やリンの化合物（リン酸イオン）は、植物プランクトンの栄養となりますが、多すぎると赤潮やアオコとなって水生生物に悪影響を与えます。サンゴ礁でも、多量の栄養塩はサンゴの骨格の成長を低下させ、シアノバクテリア（光合成ができる細菌で増殖すると悪影響を及ぼすことがある）を増殖させ、オニヒトデの幼生を増やします。

　一方、サンゴの体の中にいる褐虫藻は光合成の過程でそれらの栄養塩類を吸収してくれます。サンゴの放出する粘液は懸濁粒子を付着させて沈め海を浄化することに貢献します。サンゴ礁の海のカラフルな色合いは、透明度の高い海水（少ないプランクトンや粒子）、異なる水深そして海底の白砂などいろいろな条件が揃って作り出されるもので、これにサンゴも深く関わっています。

　サンゴ礁が二酸化炭素を吸収するかどうかは計算方法によって評価が分かれる難しい問題ですが、健全なサンゴが多ければ多くの他の生物を養い、炭素を有機物の形で閉じ込めていることに間違いはありません。

　サンゴのポリプは小さくてひ弱ですが、褐虫藻と共生することで早く成長でき、石灰の骨格を積み上げて長い年月をかけてサンゴ礁を作り出していきます。月からも見えるグレートバリアリーフは，そんな生物が作り上げた巨大な構造物です。サンゴは他の生物に隠れ家を提供し、有り余った食料を与え、多くの生物を養うことができます。美しいサンゴ礁は人を惹きつけ、多くのサービスを無限に提供できる貴重な資源で、未来に残さないといけない宝です。

5-4 サンゴ礁を守る（保全）

　生き物のサンゴや構造物としてのサンゴ礁が、水産資源や観光資源を始めとして私達の生活に直接あるいは間接的に様々な恩恵を与えてくれることを述べてきました。その貴重なサンゴが、オニヒトデ等による食害、海水温度上昇による大規模白化現象そして陸域からの様々な化学物質等の影響によって次第に減少しています。2000年以降は、サンゴの病気（細菌等による感染症）も確実に拡がってきました。

　5-2-④でも少し述べましたが、このような状況にあるサンゴたちひいてはサンゴ礁を守るにはどのようにしたらいいのでしょうか。

（1）サンゴのことを知る・伝える

　夏休みのラジオ「子供電話相談室」を聞くと、様々なハラハラドキドキの質問内容もさることながら子供たちの発想には驚かされます。恐竜や昆虫は定番の人気が高い生き物ですが、恐竜はすでに絶滅し直接観察することはできません。手の届かない星や宇宙に関心を寄せるファンも多いです。人は見えない・触れることのできないモノを含め、知りたいという欲求に強くひかれるものです。ずっと人気が続く理由は、出会ったものそのものが持つ特性に加え、新しい発見が付け加わりながら、その面白さが広く伝わっていくことにあると考えます。テレビ・ラジオ、新聞、ネットなどを通して、急に人気に火がつくこともあります。

　クラゲや深海生物は近年人気が高まっている生き物たちです。クマムシ、ウミクワガタ、タコノマクラ、エクレアナマコ、テズルモズル、名前だけでは何者かわかりにくいものもいますがそのネーミングも人

気を得るには必須アイテムです。虜（とりこ）になったきっかけや入り口は、かっこいい、可愛い、キモカワイイ、癒やされる、不思議な行動など色々あります。巨大生物、残念な生き物、最強、猛毒、新種、絶滅、寄生などもキーワードかと思います。これまでは研究者やマニアしかわからなかった生物たちが、市民権を得てそれらのファンが増えることは大変嬉しいことです。

　サンゴはと言うと、目玉のある魚、エビ・カニ、ウミウシなどより地味ですが、「サンゴの産卵」シーンや「オニヒトデ、大規模白化現象」などによる被害の実態が少しずつ知れ渡るにつれ認知度も上がってきました。サンゴの研究者は、研究を通して得られた知見をできるだけわかりやすく発信し続けなければいけません。

　サンゴ礁の海に囲まれた沖縄でさえ、サンゴの知名度はあまり高くありませんでした。その理由としてサンゴ礁は危険な場所だと教えられてきたからです。サンゴの枝で怪我をすること、サンゴ礁には棘（とげ）や毒を持つ危険な生物がいたこと、また潮の満ち引きで水深や流れが大きく変わることもその理由です。沖縄の“安全”なビーチはクラゲネットが設置された砂地の浅い場所ですが、生き物との遭遇は限定的なものになり触れあう機会は少ないです。一方、沖縄の島々の貝塚には、サンゴ礁から糧を得ていたこと、またニライカナイ信仰（海の彼方にある豊穣や幸福をもたらす楽土）や浜下り（旧暦3月3日に行われる伝統行事）があることから、本来、自然との結びつきが深かったことを示しています。近年のサンゴの減少とは逆に、時代とともにサンゴへの関心は高まり、サンゴの名をかぶせた商品や催しは増えてきました。語呂合わせですが3月5日前後にサンゴ礁ウィークがあり、様々なイベントが行われています。

（2） サンゴを守る

　サンゴを守る機運の高まりとともに、国内外でサンゴを守る・知るための様々な組織が作られてきました。学術組織としては（社）日本サンゴ礁学会（1998年設立）や国際サンゴ礁学会（1980年設立）等があります。学会では、サンゴやサンゴ礁に関する最新の成果を発表し、研究者間の情報交換や社会への情報発信を行っています。国際サンゴ礁学会の大会は4年に1回オリンピックと同じ年に開催され、2004年は沖縄が開催地でした（第14回2020年大会はドイツのブレーメン）。サンゴ礁を抱える沖縄県には沖縄県サンゴ礁保全推進協議会（2008年設立）があり、サンゴ礁の持続可能な利用を目指して活発に活動しています。設立趣意書には、「持続可能なサンゴ礁の利用による地域づくりをすすめ、地域住民、漁業者、観光業者、農業者、県内外の企業、教育関係者、研究者、NPO、行政機関など、さまざまな人々を横断的に結びつける組織が必要です」と掲げられています。環境保護団体のWWF「World Wide Fund for Nature（世界自然保護基金）」やNACSJ（公益財団法人日本自然保護協会）もサンゴ礁保全に関する活動を行っています。サンゴの状況を把握するためのモニタリング調査を、環境省（モニタリング1000）やリーフチェックは定期的に実施しその結果を公開しています。

　今やサンゴは貴重な生物となり、採集は禁止されています。試験研究目的などで採集する際、沖縄県では県知事の特別採捕許可を必要としています（沖縄県漁業調整規則）。サンゴ等を守るため、特定の場所に絞って、利用を制限しているところもあります。

（3）サンゴを減らさない

　白化現象や海洋酸性化の原因となっている温室効果ガスの二酸化炭素排出を減らすのは容易なことではありませんが、今あるサンゴをこれ以上減らさないようにすることは一部可能です。

　捕食者対策として、オニヒトデはフックでひっかけてサンゴから剥ぎ取ることができます（写真5-11）。棘に毒があるので誰にでもできるわけではありませんが、人の手でサンゴを目前の被害から守ることができます。剥ぎ取り以外にオニヒトデの体に酢酸注射をする手法も開発されています。しかし、大発生した際はこのような人海戦術では間に合わないこともあります。大発生を事前に予測するため、稚ヒトデの数をモニタリングし、効率的な駆除をする手法が研究されています。同じくサンゴを捕食する巻貝（シロレイシガイダマシ等）の除去も有効ですが、枝の間に入り込んでいる貝を、サンゴを壊さずピンセットで取り除くのは至難の技です。

　埋め立てや工事等によって大規模にサンゴを壊すことがあります、また、意図的ではないものの泳ぎながら知らずにサンゴ枝などを踏み潰すこともあります。サンゴのある場所には魚等もたくさんいるので、サンゴ礁の生き物観察に適しています。しかし場所によっては、多人数の利用によって、海中の至るところで壊れたサンゴを見かけることもあります。地域によっては将来にわたる観光資源としてのサンゴを永続的に利用するため、遊泳や立ち入りを禁止して効果を上げている場所もあります。海洋保護区等に指定し、ルール作りによって適切に管理することが今あるサンゴを減らさないようにするには効果的で、望まれます。

写真5-11 オニヒトデの被害。
（左）サンゴからはぎ取られた30cmを超えるオニヒトデ。（宮崎県南郷町）
（右）オニヒトデの食痕、消化されたサンゴは骨格が露出し白く見える。この近くに
オニヒトデが隠れていると考えられる。

（4） サンゴを増やす

　サンゴは有性生殖によってできたプラヌラ幼生が着底し、そこでポリプとなって石灰を沈着しながら成長していきます。ほとんどのサンゴは、1個のサンゴ虫（ポリプ）から分裂や出芽等の無性生殖を繰り返して、次第に大きな群体サンゴになります。群体サンゴの枝の一部を折って、人の手で適切な方法で海底に固着し、そこから再成長してより大きな群体を得ることもできます。幼生からあるいは移植片からスタートして大きくなったサンゴが成熟して産卵しニュースになることもあります。荒廃したサンゴ礁でも水質等の環境が健全であれば、サンゴが育ってオニヒトデや大規模白化現象前に近づけることは可能です。本来のサンゴ幼生の加入が少ない状況では、自然回復は難しい状況にあります。

　サンゴを人の手で増やす場合、注意しないといけないことはたくさんあります。

1) サンゴの採集には制約がある（許可を得る）ので勝手にサンゴを取ってはいけません。

2) 遠いところ（外国、離れた島など）のものを使用してはいけません（遺伝子の攪乱が起こるため）。

3) そのサンゴにとって好適な場所（深さ、流れ、日当たり）を選ぶ必要があります。

4) 移植しても多くは途中で死ぬことが多いので、植えっぱなしにせずその後の様子を定期的に追跡することも大事です。なぜ死んだのか（環境、捕食者、サンゴの種類や移植片の大きさ、隣のサンゴとの関係など）。そもそもサンゴが少なくなった場所が、水質などの環境が悪いままであれば、そこへ移植することには意味がありません。

　移植するサンゴのドナーを有性生殖法で準備する場合、年に1回のサンゴの一斉放卵放精時期に合わせて卵や精子を採集する準備作業とそれらをかけ合わせる徹夜の作業が必要となります、この方法のメリットは遺伝的に多様なサンゴ幼生が得られることと、サンゴ枝を折るなど親群体を壊さなくて済むことです。一方の無性生殖法のメリットは、ある程度成長した枝等からスタートできることにあります。移植に使われるのは、成長が速く他の生物にも利用できる複雑な空間を持つ、枝状やテーブル状のサンゴに偏りがちです。

　現在、サンゴの増養殖に関わる会社等も増え、技術の向上が図られています。沖縄県の恩納村漁業協同組合は、モズク養殖で培ってきた技術を活かして、サンゴの大量養殖に成功し、大きな成果を上げてい

ます。

　気候変動が後戻りできない現実の中で、サンゴそしてサンゴに直接・間接的に依存する生物を守り、サンゴ礁から得られる資源やサービスを未来に残していくためには、いろいろな立場の人や組織が、サンゴのことを知り・伝え、サンゴを守り、サンゴをこれ以上減らさず、あるいは増やす手伝いをしていくために知恵を絞っていかなければなりません。

写真5-12 サンゴ礁の死。
　　（左）健全なサンゴ礁。
　　（右）サンゴが死亡し荒廃したサンゴ礁、骨格は残るが魚やウニによるかじり取りや穿孔生物によって次第に形が崩れて壊れていく。

6章 サンゴ礁と人間社会のかかわり方

6-1 サンゴにダメージを与える高水温と人間の活動

　高水温によって引き起こされるサンゴ白化の被害が大きくなるかどうかは、平常時の健康状態によります。高水温によるストレスを受け始める前から、共生する褐虫藻との関係が最適な状態に保たれ続けていれば、ストレス下でも最大限に生きる力を引き出せるはずです。しかし、高水温以外にも海域特有のストレスによって最適でない状態が長く続くと、サンゴ自身が高水温になる前からすでに弱ってしまい、エネルギーの蓄えや高水温に対して機能するはずだったタンパク質などの生成量が、少なくなると考えることができます。

（1）陸上の経済活動が海に及ぼす影響

　サンゴにとっては高水温以外に海域、地域特有のストレスがあります。

　沖縄のサンゴは、梅雨時期、多量の雨によって陸域から赤土や除草剤などの農薬が海水に流れ込んでしまうと弱ってしまいます[1,2]。また、海域での浚渫作業や沿岸域の埋め立て開発工事からは、海底下にたまった粒子が多量に海水中へ放出されるだけではなく、貧酸素状態で蓄積した硫化物などの有害物質が海水中に一気に供給されることや、粒子とともに細菌などが放たれる影響もあります。

　さらに、海水温が上昇し、栄養塩が高くなった状態では、細菌の増

1) Chen et al., 2015、2) Fabricius, 2005

殖が促進されやすいため、細菌感染などによって引き起こされていると思われるサンゴの病気が増加しています。サンゴが弱りやすい夏の時期には、病気感染の可能性は飛躍的に上がるのではないかと考えられます。そして、弱った状態のままで高水温時期に入ると、ストレスに対する防御機能が十分に発揮できないためすぐに白化してしまい、エネルギーの蓄えがないことから短い期間で死亡してしまう可能性があります。

　近年、サンゴ礁がある島々においては、農・畜産業や工業活動などの活発化に伴い、サンゴ礁に隣接した土地利用の変化による水質汚濁、水質汚染などの人為的撹乱が起きています。これらには、流入した細かな浮遊物質による透明度の低下や、赤土などの土壌堆積によるサンゴへの被害があります。サンゴ礁がある大小様々な島において、人為的撹乱が容易に起こりやすい原因として、サンゴ礁に隣接した陸地の多くが石灰岩の多い地盤で形成されていることが挙げられます。石灰岩基盤の土地では、雨が降ると陸の水が河川に流れ込むだけではなく、直接地下へと浸み込み地下水としてサンゴ礁のある沿岸部へ流れ出ていきます。

　鹿児島県の南に位置する島から沖縄県の各島を合わせて「南西諸島」と呼びます（図

図6-1　南西諸島。

6-1)。南西諸島には、サンゴ礁由来の石灰岩基盤の土地で作られた島が多く存在しており、それらの島では農地などを経由した地下水がサンゴ礁の海へと流れ、じわじわと海洋生物に悪影響を及ぼす恐れがあります。

　南西諸島地域の主要作物であるサトウキビは、1600年代に日本に導入され、戦後、琉球列島を含む南西諸島で主要な農作物となりました。化学肥料を多く使うため、土壌、陸水汚染、水質汚染が懸念され、また、土壌にあまり根を張らないことから、大雨によって表層の赤土が流出するという問題も生じています[10]。赤土を代表とした懸濁物質（細かな浮遊物）の増加は、海水中へ光が通り抜ける量を減少させ、共生藻（褐虫藻）の光合成量の低下を引き起こします。また、工場、生活排水や農業由来の肥料などの流出は、海域の栄養分が自然の状態より増えてしまうことにつながり、除草剤など農薬等の混入も同時に起こり得ることなどから、これらが造礁サンゴ類に悪い影響を及ぼす

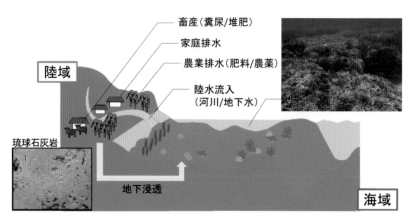

図6-2　石灰岩地域の地下水汚染経路（沖縄の生活排水の地下への浸透）。

10）中西, 2006

ことが懸念されています。（図6-2）このような陸域由来の問題がサンゴに及ぼす様々な影響ついての研究は今も続けられています。

　サンゴに対する影響のみを考えると、陸域の活動が悪者扱いされがちですが、サンゴに及ぼす悪影響への対策を取ることで陸の持続的活動にもつながることがあります。例えば、大雨による海域への赤土流出を考えると、農業をしている人にしてみれば大切な土や肥料が流れ出てしまうことになり、農作物の生育に悪影響を及ぼします。今後、サンゴと私たちがお互いに良い影響を維持できるような保全の仕方、共生関係が求められてくるでしょう。

（2）海洋中の栄養塩による影響

　「栄養塩」とは、生物が普通の生活をするために必要な塩類のことです。もともと栄養塩の乏しい環境であるサンゴ礁生態系へ陸から栄養塩が徐々に流入し、富栄養（熱帯から亜熱帯沿岸域でのサンゴ礁環境を基準とした「富栄養」状態）な海域になることによって、多くのサンゴ礁生物に悪影響を及ぼすのではないかと心配されています。その中でも、栄養塩の濃度によって、造礁サンゴの占める割合やさまざまな生物種の低下が起こり、藻類が増える研究報告もあります[2,9]。このように、沿岸の海に栄養塩が過剰に供給されることは、サンゴ礁生態系全体に対して直接、間接的に負の影響があると言われています。

　海洋中でのサンゴが着底する基盤は、比較的栄養塩類濃度の低い状態で保たれていますが、リンはサンゴの基盤である多孔質の炭酸カルシウム（石灰岩）に付着しやすいという性質を持つと言われています。海水中の栄養塩濃度が低くても、長期間、基盤が栄養塩にさらされ続けると、結果としてサンゴの赤ちゃんの骨格（p.143写真6-1）形成

2) Fabricius, 2005、9) 田中, 2012

を妨げるに十分な量のリンが基盤に付着してしまうかもしれません。栄養塩の多い海水では、サンゴの赤ちゃんが基盤に着底して生存できる割合が少ないと考えられ、特にリンが多い海水では、サンゴポリプによって形成される骨格が奇形になってしまう可能性があります。サンゴの赤ちゃんは環境変化に敏感なので、着底ができず、着底しても正常な骨が作れないということになると、生存にかかわる問題となります[3]。これらのことから、サンゴ礁沿岸域におけるリンをはじめとした栄養塩量や、陸上の利用状況との関わりによる影響を把握し、底質における栄養塩類の吸着量やサンゴの着底・成長への生物的影響の推定を行うことは、繰り返し大規模高水温白化が予測されている現在では、サンゴ礁生態系の維持・回復に必要な条件を知る上でとても重要なことなのです。

6-2 サンゴ群集の回復と被害の長期化

（1）白化した状態は病気にかかりやすい

異常高水温状態にさらされ白化して弱ってしまったサンゴは、それまで以上に海底を覆う他の競合生物との競争に負けやすく、高水温時に増加しやすい病原菌による感染症（病気）にかかりやすくなります。さらに、陸域から流入する赤土や農業肥料、農薬などの影響が積み重なったサンゴは高水温などの影響を受けやすくなると考えられます。常日頃から、サンゴ礁に隣接する陸域からの物質流入、水質管理、競合生物を捕食し成長の抑制を行う生物群の状態などを含め、生物系全体のバランスを考慮したサンゴ礁保全が必要です。

3) Iijima *et al.*,2019

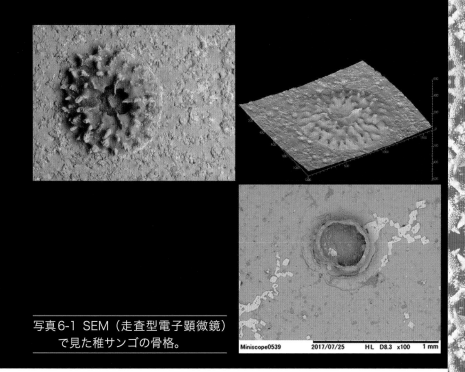

写真6-1 SEM（走査型電子顕微鏡）
　　で見た稚サンゴの骨格。

　大規模な異常高水温による白化が生態系に及ぼす被害の大小は、高
水温時期以外でも通常のサンゴ礁生態系が、いかに健全に維持されて
いるかによって変わります。生態系のバランスが崩れたままであれば、
高水温による白化で弱ったサンゴにとっては、長期的な生存に適しな
い状態となっていきます。

（2）サンゴの衰退と台風の影響

　琉球列島周辺海域のサンゴ被度（海底を生きたサンゴが覆う割合）
は、比較的良好な状態を保ってきたと考えられますが、1970年代後
半からはオニヒトデの大量発生、1990年代以降は気候変動を原因と

する異常高水温による大規模白化などが複数回発生しています。様々な出来事によりサンゴ被度が急激に低下するなど、サンゴ礁生態系の衰退が見られるようになりました。

　白化後の被害は、サンゴにかかったストレスの種類や程度、期間の長さによって変わります。白化を引き起こす原因の一つである海水温の上昇では、そのままの状態が長ければ長いほど白化する群体数や種類は増加し、死亡してしまうサンゴも増えます。気温が高くなると海水温も高くなり、サンゴの白化が起こりやすくなります。しかし、3章でも述べたように、台風が適度に接近し続けることによって、浅い表層部分の海水と深い層にある低水温の海水がかきまぜられて水温の上昇を抑えることができ、白化は起きにくくなると考えられています。

　日本でサンゴ礁地形が有名なのは沖縄から鹿児島の離島周辺海域です。沖縄周辺では、通常の年で夏の時期に3〜4個の台風が接近・通過しますが、まれに台風がほとんど接近しない年があり、長く快晴日が続きサンゴ礁の表層海水温が上がり続けます。さらに海面に波がない無風状態が続くと、浅い海底に棲むサンゴにとっては太陽光が当たる強さも上がり、潮の流れも滞って水温上昇も最大レベルに達した状態が続くことになります。このような条件で大規模な白化現象が観察されることは偶然ではないでしょう。

6-3 白化ストレス低減に向けて

　サンゴの白化が起こる原因やプロセスについては、3章で詳しく説明しましたが、白化が起きる研究が盛んに行われている一方で、どのような環境条件でサンゴの白化が抑えられるのかについての研究も同

時に進められています。

（1）サンゴ礁域の水の動き

　サンゴ礁ではその複雑な地形によって海水の動きが変化し、様々な流れや渦などを作り出していることも、サンゴ礁に多様な生物が生存している理由だと考えられています。これらサンゴ礁における水の動きは大きく分けて3つの原動力によって成立していると考えることができます。

　① 大気の動き（風）に伴った海面層に近い部分での波や流れ。

　② 太陽や月の位置関係から生じる潮汐による流れ。

　③ 海水の温度差や塩分濃度が①②と影響し合って起こる流れ。

　さらに、サンゴ礁の複雑な海底地形によって、これらの要素が集められたり強まったりする場所が存在しています。

　サンゴ礁域での流れの速さは、場所・時間帯によっても変化します。例えば、浅瀬では引き潮や上げ潮の途中で最大流速が秒速100センチメートルを超えるような場所もありますが、ほとんど停滞したような秒速2〜3センチメートルと言った場所もあります。サンゴ礁での海水の流れにはいろいろなパターンがあり、その分布、時間的な多様性があると言え、そのような環境で長い年月をかけて多様なサンゴ種がこれまで進化し、環境に沿ったサンゴ群集ができ分布を広げてきたのです。

　海中での流れは、海底面に近づくにつれて海底面と海水との摩擦によって急に速度が落ちます。海中と海底面近くでの海水速度に差が生じると、境界層と呼ばれる厚さ数マイクロメートルから数センチメートルの薄い極低速の海水の層ができ上がります。海水の流れが速けれ

流れ
流れ
流れ
流れ
流れ
海 中
中層での流速（摩擦抵抗なし）はそのまま
境界層
摩擦抵抗で流速が落ちた部分
海底面との摩擦抵抗
海 底 面

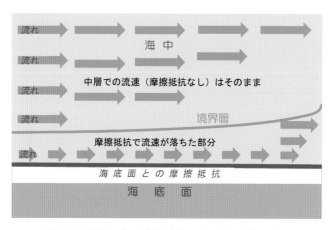

図6-3 摩擦による流速変化で発生する境界層。

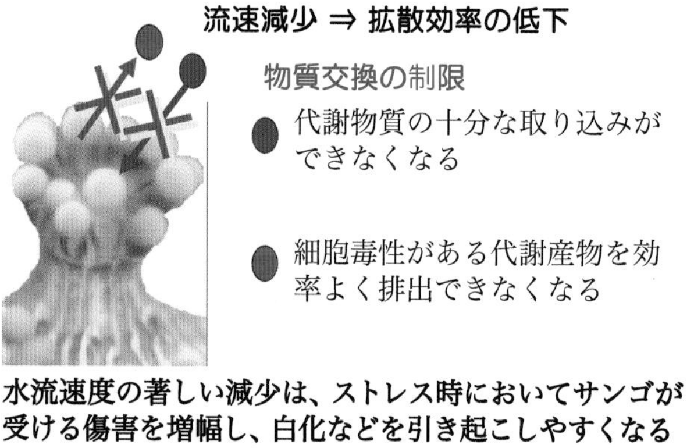

流速減少 ⇒ 拡散効率の低下
物質交換の制限
代謝物質の十分な取り込みができなくなる
細胞毒性がある代謝産物を効率よく排出できなくなる
水流速度の著しい減少は、ストレス時においてサンゴが受ける傷害を増幅し、白化などを引き起こしやすくなる

図6-4 海水の停滞がサンゴポリプの代謝に及ぼす影響。

ば層の厚みは薄くなり、境界層の上を流れる海水とサンゴの間の物質交換はスムーズに行えますが、遅ければ層の厚みは増し、物質交換に時間がかかります（図6-3）。

仮に、何らかの原因でサンゴ礁域での流れが急に変わって停滞してしまうとどうなるのでしょうか。サンゴのように海底に固着した状態

で生きている生物にとって、海水の流動は生きていくのに必要な物質（酸素、栄養分、餌）の取り込み、不要、毒となるような物質（排泄物など）の体外への排出循環にもっとも影響を与える要素であると言えますので、極端な場合、死に至ります（図6-4）。

（2）サンゴの生存率と水流

　水流は、サンゴ礁の特徴的な環境要素であると述べましたが、実際にサンゴはどのような形で水流の恩恵を受けているのでしょうか。

　大規模な白化現象が起きた1998年、水流の速い場所にいたサンゴの生存率が高かったことから水流の速い棲息域には、高水温と強光の複合ストレスに対する白化を抑制する効果があるという仮説が立てら

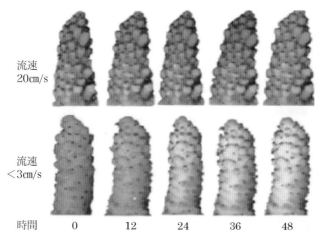

流速
20cm/s

流速
<3cm/s

時間　　0　　　12　　　24　　　36　　　48

図6-5　水流条件が速い条件下と遅い条件下で、強光を繰り
　　　返し受けたコユビミドリイシ群体の変化。光合成活性の
　　　低下がみられた水流が遅い流速条件下では白化が起きている
　　　が、水流が速い条件下では目立った変化がみられない。

（出典：Nakamura *et al.*、[4] 2005に加筆）

[4] Nakamura *et al.*, 2005

れました。仮説検証のため、枝状に成長するミドリイシ属の一種である コユビミドリイシ *Acropora digitifera* を使った水槽実験を行った 結果、高水温（26.2 ～ 33.6℃）に停滞した毎秒2～3センチメートルの水流にさらされたグループでは白化が見られ、一週間後の生存率は0パーセントでした。同じ水温条件で毎秒50～70センチメートルのグループでは、白化が起きず生存率は100パーセントでした（p.147 図6-5）。また、海水の流動と生物の大きさの関係を解析した結果、小型のサンゴ群体は効率の良い物質交換ができることから高水温でのストレス条件下では、大型の群体よりも高い生存率が期待できることが示されました[5]。

（3）人間の活動による複合的ダメージ

近年、造礁サンゴと環境負荷との関わりがエルニーニョ現象などに代表される地球環境とともに白化現象という形で表面化したことにより、サンゴ礁域での環境変化が注目を集めるようになっています。特に、高水温による白化現象がサンゴ礁生態系衰退の主な理由として挙げられることも多くありますが、そのほかにもさまざまな原因があります。

自然界では、白化の原因となる要素はそれぞれが独立して存在しているわけではなく、複数の原因が同時にサンゴへストレスを与えていることが普通であり、それらの要素が互いに被害を増幅するような関係となる場合もあります。サンゴ礁衰退原因の多くが陸にいる私たちの生活や産業活動によるものである一方、海中でのそれらの複合影響が直接捉えにくいこともあり、それらの問題が認識・共有されにくいことから、具体的な対策が取られにくいことにつながっていると言えるでしょう。高水温や海洋酸性化は、二酸化炭素排出量の削減が対策と

5) Nakamura & Van Woesik, 2001

して挙げられていますが、その効果が出るには数十年かかるとされています。その間、陸から流入する泥や砂、栄養塩の影響などはサンゴ礁に関わる自治体等が適切な基準を設け、それらの排出・流入を抑えることでより多くのサンゴが生き残るためのチャンスが広がるのではないかと考えられます。これら地域での人間活動によるストレス要因については、サンゴ礁生態系の持続性を維持するためにも早急に対策を進めていかなければならないと思います。

6-4 白化現象による生物や産業への影響

（1）サンゴ礁生態系への影響

　現在、世界のサンゴ礁域に隣接する地域で、生活を維持するためにサンゴ礁からの直接の恩恵を受けている人の数は約10億人と推定されています[8]。サンゴ礁が健全な状態で存在することで、陸にいる人間にとって様々な恩恵がもたらされているわけですが、それらは総称して生態系サービスと呼ばれています。

　生態系サービスには様々な要素があり、例えばサンゴ礁が存在することで、防波堤として機能している防災機能としての価値や、サンゴ礁から得られる様々な魚介類などの水産資源の価値、サンゴ礁を観光・教育、伝統行事に利用できる価値のほか、サンゴ礁生物が進化の過程で創り出した生物毒が潜在的な医薬品の基になったりもします。これまでに様々な研究や調査によって生態系サービスの貨幣価値推定がおこなわれており、結果はさまざまですが、例えば、UNEP（国連開発計画）では一平方キロメートル当たり年間最大7,000万円[7]の価値が

7) Conservation International, 2008、8) WRI, 2011

あるとされ、総額では約46兆円の資産価値がある[8]などといった試算がされています。

　サンゴ礁の生態系が衰退することで、これらの価値は次第に失われると考えられ、大規模なサンゴの白化現象が及ぼす経済的な損失は相当に大きいことが推察できます。単純に、今あるサンゴ礁生態系が消えた場合を仮定すると、様々な業種で多くの人が困る事態になることは想像に難くないでしょう。

　また、大規模な白化で様々なサンゴが一度にいなくなってしまうと、多くの生物への二次的、三次的影響が起こります（p.152図6-6）。

　サンゴ礁生態系の特徴として生物多様性の高さが挙げられますが、サンゴ群体周辺に育まれる様々な種類の生物、さらに、それらの生物に依存する生物群のつながりが多様性の本質であると言えます。多くのサンゴ礁では、暖かく透明度の高い海水中にサンゴ群体が作る枝や葉っぱのような形をしたサンゴの骨格がつくられます（写真6-2）。数メートルサイズのテーブル状サンゴ群体や葉状群体が作り出す日陰や、枝状サンゴ群体の無数に伸びる枝と枝の隙間、海底から岩山のように立ち上がる大型塊状サンゴ群体の表面やその縁など、サンゴ群体の近辺には周囲の環境とは異なる様々な「微環境」が作り上げられています。このようにサンゴが生存、成長を維持していくことで多様な生物たちに適した棲家や隠れ場所、産卵場所などが提供され続け、サンゴポリプやサンゴが作り出す粘液などがそれら生物の餌や栄養分として利用されています（p.152図6-7）。

---

8) WRI, 2011

写真6-2 多様なサンゴの骨格。
①-③ 塊状。④ 枝状。⑤・⑥ 樹枝状（基盤から立ち
上がる形）。⑦ 被覆状。⑧・⑨ 葉状。⑩ テーブル状。
⑪ 非固着性（海底に転がっている）。

サンゴ礁特有の生物の多くがサンゴに依存しているため、
サンゴと共に生態系のバランスが失われるおそれがある

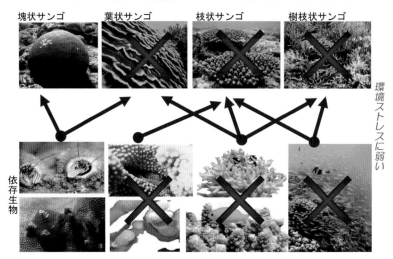

図6-6 サンゴへの依存性が高い生物に白化の影響が及ぶ。

図6-7 いろいろな生物に利用されるサンゴ。

（2）観光事業への影響

① 観光事業を脅かす大規模白化

　美しいサンゴ礁に惹きつけられサンゴのある場所を訪れるダイバーや観光客はサンゴ礁での観光事業に大きな経済効果をもたらします。しかし、大規模白化により健全なサンゴ礁生態系が失われることは、海に関連した観光事業にとっては打撃となります。

　大規模白化によって多くのサンゴが一度に死亡し、そのまま回復がみられない場合、サンゴ礁の景観は主に死んだサンゴ骨格表面を海藻類や海綿類などで覆われた海底と、海藻、藻類を主食とするような魚類や貝類が占めるようになります。色鮮やかなサンゴの周りを泳ぐ色とりどりの熱帯魚やサンゴ群体表面に隠れる多様なエビ・カニ類などはしばらくの間見られなくなってしまいます。多様な生物が集まった「サンゴ礁」の水中景観を目的に訪れた観光客にとっては、パンフレットや雑誌に掲載されていたイメージとは異なりがっかりしてしまうこともあり、そのままでは観光客の減少にもつながりかねません。

② 観光客によるサンゴへの負荷と対策

　海水温の上昇や異常気象などでサンゴの大規模白化は、さらに増えていくことが予想されます。現在、日本では、増加する観光客を迎えるために、サンゴ礁が広がる小さな島々に必要な施設や流通インフラの整備が進められている場所もありますが、急激に観光客数が増加した場合サンゴ礁の生態系にどのような影響を及ぼすのでしょうか。そのヒントを海外に見ることができます。

　太平洋に広がる大小様々な島で構成される国々の一つに、サンゴ礁

に囲まれたパラオ共和国があります。パラオは、東京から南に約3,800
キロメートルの位置にあり、奄美大島とほぼ同じ大きさの島を中心に
大小500以上の島々とその周囲に発達したサンゴ礁を有する国です。
主要な産業は観光で、観光客の9割がマリンレジャーを楽しむために
訪れると言われています。

　パラオでは1998年に発生した大規模白化の影響で約7割のサンゴ
が白化しましたが、死亡したサンゴは1割程度と言われています。そ
の後、大型台風の影響を受けることもありましたが、2017年時点で
は多くのサンゴ礁域で生きたサンゴ割合が約60パーセント以上、多
いところでは85パーセント以上もあり、健全なサンゴ礁生態系が保
たれていると言えます。

　ところが、2010年までは約7万〜9万人、2013年ころまでは10
万人程度だった観光客数が、2014年には14万人、2015年には16万
人を超える規模に急に膨れ上がりました[6]。急激な観光客数の増加に
よって、2014年〜2015年までの間、宿泊施設数の不足、ごみ処理
問題、下水処理問題、飲料水不足が起こり、同時にメインストリート
には観光客があふれ、海での事故も増加するなどの状態となりました。
その結果、ホテルに改装するという理由で地元民の住居となっていた
アパートからは住人が追出され、街にはごみが散乱するようになり、
短期的な干ばつですぐに給水制限が行われたり、下水は処理が十分に
できないまま直接海に流されるなどの問題が起き始めました。さらに、
観光客向けレストランでのサンゴ礁魚類への需要が高まり、地元で規
制をかけていた魚種やサイズの魚までが漁獲され、市場を介さずに高
額でやり取りされるようになってしまったと言われています。同時期
には、地元の人が食していた近海魚の価格は約2倍となってしまい、

6) South Pacific Tourism Organization, 2018

家庭の食卓からは地元の近海魚が姿を消して、輸入冷凍マグロなどが並ぶようになったそうです。さらに、マングローブガニ（ガザミの仲間）、ヤシガニなどまでもが高価に買取されるようになったことから、これまで以上に過剰に捕獲され資源が枯渇したと言われています。また、食用になるナマコ類までもが多量に漁獲されて輸出される事態を重く見た政府は、輸出禁止の法律を作るなどしています。

　陸での変化に伴い、サンゴ礁の生物が過剰に漁獲され、沿岸域の開発が急激に起きたことで、サンゴ礁環境への負荷が増加したと考えられます。パラオでは、事態を重く見た政府が、観光客数を制限するために、海外からのチャーター乗り入れの便数に上限を設定したことで、2016年には観光客数が14万人まで抑えられました。

　パラオでは、サンゴ礁保全を推進するために数多くの海洋保護区を設定し、各自治体がマリンレジャー客向けに特化した有料パーミット（許可証）制を取り入れています（図6-8）。それを財源としたレン

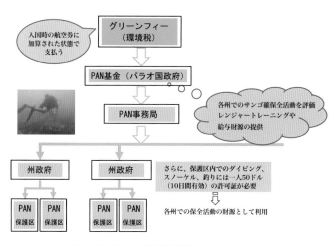

図6-8 パラオの海洋保護区ネットワーク。

パラオ誓約

パラオの皆さん、私は客人としてみなさんの美しくユニークな島を保存し保護することを誓います。足運びは慎重に、行動には思いやりを、探査には配慮を忘れません。与えられたもの以外は取りません。私に害のないものは傷つけません。自然に消えるもの以外の痕跡は残しません。

ジャー組織が保護区の管理や運営を行っています。また、国としてもサンゴ礁保全と資源維持のため、国外からの入国者を対象とした環境税（「Green Fee」と呼ばれる）を課すことを決め、基金として各自治体の保護区運営の財源として提供することを国の法律として定めています（図6-8）。観光客に対しては、環境に配慮した行動を促すため入国時のスタンプに「パラオ誓約（Pledge）」と呼ばれる文言に署名を求め、出国税、環境税を含む100ドルのPPEF（Palau Pristine Environmental Fee）を課す制度が2018年から開始されています。

　日本のサンゴ礁生態系は、広大な領海と排他的経済水域全体からするとそれほど大きな割合を占めてはいません。しかし、パラオのように持続可能なサンゴ礁との共存方法のあり方を示し、サンゴ礁生態系の保全を進められる国であることを願います。

引用・参考文献

【1章】

1）Arai T., Kato M., Heyward A., Ikeda Y., Iizuka T., Maruyama T.（1993）Lipid-composition of positively buoyant eggs of reef building corals. Coral Reefs 12: 71–75.

2）Baria M.V.B., Cruz D.W., Villanueva R.D., Guest J.R.（2012）Spawning of three-year-old *Acropora millepora* coral released from larvae in northwestern Philippines. Bull Mari Sci 88: 61–62.

3）Fallon S.J., McCulloch M.T., Woesik R.V., Sinclair D.J.（1999）Corals at their latitudinal limits: laser ablation trace element systematics in *Porites* from Shirigai Bay, Japan. Earth Planetary Science Letters. 172（3-4）: 221-238.

4）Freudenthal H.D.（1962）*Symbiodinium* gen. nov. and *Symbiodinium microadriaticum* sp. nov., a zooxanthella: taxonomy, life cycle and morphology. the Journal of Protozoology 9: 45-52.

5）Harii S., Kayane H.（2003）Larval dispersal, recruitment, and adult distribution of the brooding stony octocoral *Heliopora coerulea* on Ishigaki Island, southwest Japan. Coral Reefs 22: 188–196.

6）Harrison P.L., Babcock R.C., Bull G.D., Oliver J.K., Wallace C.C., Wills B.L.（1984）Mass spawning in tropical reef corals. Science 223: 1186–1189.

7）Hidaka M., Yamazato K.（1984）Intraspecific interactions in a scleractinian coral, *Galaxea fascicularis*: Induced formation of sweeper tentacles. Coral Reefs 3: 77-85.

8）Honma Y., Kitami T.（1978）Fauna and flora in the waters adjacent to the Sado Marine Biological Station, Niigata University. Ann. Rep. Sado Mar. Biol., Niigata Univ., 8: 7-81.

9）Iwao K., Omori M., Taniguchi H., Tamura M.（2010）Transplanted *Acropora tenuis*（Dana）spawned first in their life 4 years after culture from eggs. Galaxea, J Coral Reef Stud 12: 14.

10）Loya Y., Sakai K.（2008）Bidirectional sex change in mushroom stony corals. Proc R Soc B 275: 1-9.

11）Nüchter T., Benoit M., Engel U., Özbek S., Holstein T.W.（2006）Nanosecond-scale kinetics of nematocyst discharge. Current Biology 16: R316-R318.

12）Wilkinson C.（2008）Status of coral reefs of the world: 2008. Global Coral Reef Monitoring Network and Reef and Rainforest Research Centre, Townsville, Australia, 296 pp.

13）Yamano H., Hori K., Yamauchi M., Yamagawa O.,Ohmura A.（2001）Highest latitude coral reef at Iki Island, Japan. Coral Reefs 20: 9-12.

14）岩崎望・鈴木知彦 2008.「第一章 宝石サンゴの生物学」,『珊瑚の文化誌 宝石サンゴをめぐる科学・文化・歴史』岩崎望編著, 東海大学出版会: 3-27.

15）内田紘臣 1997.「日本産刺胞動物目名表」,『日本動物大百科 第7巻 無脊椎動物』日高敏隆監修, 平凡社: 42-47.

16）江口元起 1965.「きくめいしもどき」.『新日本動物図鑑（上）』, 岡田要ほか編, 北隆館：280.

17）大見謝辰男・仲宗根一哉・満本裕彰・比嘉榮三郎 2003.「陸上起源の濁水・栄養塩類のモニタリング手法に関する研究」.『平成14年度内閣府委託調査研究 サンゴ礁に関する調査研究報告書』財団法人亜熱帯総合研究所,：86-102

18）御前 洋 1984.「寒波による石サンゴ類の斃死について」. マリンパビリオン, 13（12）：2-3.

19）茅根 創 1990.「地球規模のCO2循環におけるサンゴ礁の役割」, 地質ニュース,（436）：6-16.

20）国際サンゴ礁研究・モニタリングセンター 2000.「石垣島周辺におけるサンゴの概況」, 平成12年度環境省国際サンゴ礁研究・モニタリングセンター年報.（1）：6-7.

21）新村 出（編）2008.『広辞苑第六版』, 岩波書店.

22）鈴木克美 1999. 珊瑚（さんご）.『ものと人間の文化史』91, 法政大学出版局：362pp.

23）鈴木克美 2002. 正倉院サンゴ調査報告書 正倉院の珊瑚について. 正倉院紀要. 24：口絵4-8. 31-39.

24）東京都 1991.「第4回自然環境保全基礎調査」,『サンゴ礁調査報告書』.

25）西平守孝・酒井一彦・佐野光彦・土屋誠・向井宏 1995.「サンゴ礁－生物がつくった＜生物の楽園＞」,『シリーズ共生の生態学5』. 平凡社：232pp.

26）藤村弘行 2016.「サンゴ礁の化学」, 化学と教育64（11）：560-563.

27）福田照雄 1984.「寒波に耐えた天神崎のエダミドリイシ」, マリンパビリオン, 13（7）：2.

28）山里 清・エリア スワルデイ・サイーダ サルタナ 2008.「高緯度における幼生産出型サンゴの生殖周期」日本サンゴ礁学会誌10：1-11.

29）山野博哉 2008.「日本におけるサンゴ礁の分布」, 沿岸海洋研究.

【2章】

1）Forsman Z.H., et al.（2009）Shape-shifting corals: molecular markers show morphology is evolutionarily plastic in *Porites*. BMC Evolutionary Biology 9: 45.

2）Fujii T.（2017）A hermit crab living in association with a mobile scleractinian coral, *Heteropsammia cochlea*. Marine Biodiversity 47: 779–780.

3）Kitano Y.F., et al.（2015）Most *Pocillopora damicornis* around Yaeyama Islands are *Pocillopora acuta* according to mitochondrial ORF sequences. Galaxea, Journal of Coral Reef Studies 17: 21–22.

4）Loya Y, et al.（2001）Coral bleaching: the winners and the losers. Ecology Letters 4: 122–131.

5）Veron J.E.N.（2000）Corals of the world. Vol 1-3. M. Stafford-Smith（Ed.）Australian Institute of Marine Science, Townsville, Australia. 1382 p.

6）野村恵一, 他. 2017 阿嘉島のコモンサンゴ類. みどりいし（28）：1–47.

【3章】

1）Cunning R. & Baker A. C.（2013）Excess algal symbionts increase the susceptibility of reef corals to bleaching. Nature Climate Change, 3（3）, 259-262.

2）Downs C. A., Fauth, J. E., Halas J. C., Dustan P., Bemiss J. and Woodley C.M.（2002）Oxidative stress and seasonal coral bleaching. Free Radic. Biol. Med. 33,

533-543.
3) Glynn ,P.W. (1993) Coral reef bleaching: ecological perspectives. Coral Reefs12: 1-17.
4) Jones, R.J., Muller, J., Haynes, D., Schreiber, U. (2003) Effects of herbicides diuron and atrazine on corals of the Great Barrier Reef, Australia. Marine Ecology Progress Series 251: 153-167.
5) Loya Y., Sakai K., Yamazato K., Nakano Y., Sambali H., van Woesik R. (2001) Coral bleaching: the winners and the losers. Ecol Lett 4: 122–131.
6) Salih, A., Larkum, A., Cox, G., Kuhl, M. and Hoegh-Guldberg, O. (2000) . Fluorescent pigments in corals are photoprotective. Nature 408, 850-853.
7) McClanahan T.R. (2017) Changes in coral sensitivity to thermal anomalies. Wildlife Conservation Society, Marine Programs.
8) Philipp, E., Fabricius, K. (2003) Photophysiologial stress in scleractinian corals in response to short-term sedimentation Journal of Experimental Marine Biology and Ecology 287: 58-78.
9) Yamashiro H. Oku and Onaga K. (2005) Effect of bleaching on lipid content and composition of Okinawan corals. Fisheries Science (Nippon Suisann Gakkai) 71: 448 - 453.
10) Wooldridge S.A., Heron S.F., Brodie J.E., Done T.J., Masiri I., Hinrichs S. (2016) Excess seawater nutrients, enlarged algal symbiont densities and bleaching sensitive reef locations: 2. A regional-scale predictive model for the Great Barrier Reef, Australia. Elsevier Ltd.

【4章】

1) Alemu I.J.B., Clement Y. (2014) Mass Coral Bleaching in 2010 in the Southern Caribbean. PLoS ONE 9 (1) : e83829. Doi: 10. 1371/jounal.pone.0083829.
2) GCRMN (2005) Status of Caribbean Coral Reefs after Bleaching and Hurricanes in 2005.
3) GCRMN (2010) Ministry of the Environment Japan 2010. Status of Coral Reefs in East Asian Seas Region: 2010. 121p.
4) Great Barrier Reef Marine Park Authority 2017. Final report: 2016 Coral Bleaching Event on the Great Barrier Reef, GBRMPA, Townsville. 37pp
5) Hughes T.P.,et al. (2017) Global warming and recurrent mass bleaching of corals. Nature volume543, pages373–377 (16 March 2017) |.
6) NOAA (2010) Coral Bleaching Alarm for 2010. NOAA Climate.gov news & features Dec 2, 2010 (https: //www.climate.gov./news-features/videos/coral-bleaching-alarm-2010)
7) NOAA (2017) Unprecedented 3 years of global coral bleaching, 2014–2017. Climate.gov. images adapted from State of the Climate in 2017, using NOAA Coral Reef Watch data (version 3.1) .
8) NOAA (2018) Coral Bleaching During & Since the 2014-2017 Global Coral Bleaching Event Status and an Appeal for Observations (Last Updated: January 16, 2018), NOAA Coral Watch,
(https: //coralreefwatch.noaa.gov/satellite/analyses_guidance/global_coral_bleaching_2014-17_status.php) .

9) Wilkinson（1998）Australian Institute of Marine Science 1998. Status of Coral Reefs of the World. 184pp.

10) World Meteorological Organization（2011）WMO statement on the status of the global climate in 2010, Switzerland, 15p.

11）木村 匡, 他 2017. 環境省 サンゴ大規模白化緊急対策会議. 2017年4月23日. 環境省 2008. 重要生態系監視地域モニタリング推進事業（モニタリングサイト1000）サンゴ礁調査報告書.

12）財団法人海中公園センター 2000. 平成10年度造礁サンゴ群集の白化が海洋生態系に及ぼす影響とその保全に関する緊急調査報告書. 201p.

13）環境省 2009. 重要生態系監視地域モニタリング推進事業（モニタリングサイト1000）サンゴ礁調査 第1期取りまとめ報告書. 環境省自然環境局生物多様性センター. 山梨県. 368p.

【5章】
なし

【6章】

1) Chen, P. Y., Chen, C. C., Chu, L., McCarl, B.（2015）. Evaluating the economic damage of climate change on global coral reefs. Glob. Environ. Change 30: 12–20.

2) Fabricius, K.E.（2005）. Effects of terrestrial runoff on the ecology of corals and coral reefs: review and synthesis. Marine Pollution Bulletin, 50, 125–146.

3) Iijima M., Yasumoto K., Yasumoto J., Yasumoto-Hirose M., Kuniya N., Takeuchi R., Nozaki M., Nanba N., Nakamura T., Jimbo M., Watabe S.（2019）Phosphate Enrichment Hampers Development of Juvenile *Acropora digitifera* Coral by Inhibiting Skeleton Formation. Mar Biotechnol. 21: 291–300.

4) Nakamura, T., Van Woesik, R., Yamasaki, H.（2005）. Water flow reduces photoinhibition of photosynthesis in endosymbiotic algae of reef-building coral *Acropora digitifera*（Scleractinia, Anthozoa）. Marine Ecology Progress Series, 301: 109-118.

5) Nakamura, T., VanWoesik, R.（2001）Water-flow rates and passive diffusion partially explain differential survival of corals during 1998 bleaching event. Marine Ecology Progress Series 212: 301-314.

6) Annual review of visitors arrivals in Pacific Island countries 2017.（2018）. South Pacific Tourism Organization（SPTO）, Suva, Fiji, Victoria Parade, 53pp.

7) Conservation International（2008）Economic Values of Coral Reefs, Mangroves, and Seagrasses: A Global Compilation. Center for Applied Biodiversity Science, Conservation International, Arlington, VA, USA. 37pp.

8) Reefs at Risk Revisited（2011）. World Resources Institute, Washington DC. 130pp.

9）田中泰章（2012）. 造礁サンゴの栄養塩利用と生態生理学的影響. 海の研究, 21（4）, 101－11.

10）中西康博（2006）. 亜熱帯島嶼における窒素の地下水への流出と制御. J. Japan. Soc. Soil Phys. 土壌の物理性, No. 102, p.31-38.

あとがき

　1998年夏の慶良間諸島。ビーチからスノーケルを付けて海に飛び込むと、一面に色鮮やかな枝状サンゴがひしめき合い、その周辺にはチョウチョウウオやスズメダイなどが群れていました。なんて綺麗な場所なのだろうかと感動しました。

　一年後、同じビーチを訪れる機会がありましたが、海底には暗灰色に変色し、無残に折れ散ったサンゴの骨格が一面に拡がっており、その周りには以前のような魚の群れも見つからず、違う世界のようになっていました。

　実は1998年夏に目にした色鮮やかなサンゴたちは全て、異常な高水温状態にさらされ続けた結果「白化」してしまい、蛍光色のみを残した状態、すなわちストレスで死にかけた状況だったことを後になって知りました。

　その後、世界ではサンゴ礁の危機的状況が繰り返し報告されるようになり、わずか20年ほどの間にサンゴ礁を取り巻く状況は一変してしまったと言えます。願わくば、将来のサンゴ礁生態系が更に深刻な状況に陥らないため、多くの方がサンゴ礁の状況を理解し、その保全・回復に関する工夫や提案ができるようになれば、そのきっかけに本書が役立てるのであれば存外の喜びです。

　石西礁湖でのサンゴ白化調査は、環境省の石垣自然保護官事務所、恩師でもある野島哲先生や、上野光弘氏をはじめとした方々の長年の努力で進められてきました。また、JST/JICAによるSATREPSや、

文部科学省の科学研究費（基盤研究）の成果が少なからず本書の随所に反映され、最新情報が含められました。各章の著者の方々には、長期間、辛抱強く編集作業におつきあいいただきました。あらためて感謝申し上げます。最後に本書の編集・担当章の執筆にあたり、㈱成山堂書店の小川典子社長と編集担当の宮澤俊哉氏の多大な尽力に感謝いたします。

2020年1月

琉球大学理学部海洋自然科学科生物系　准教授

中村　崇

学名・和名索引

【学　名】

【和　名】

索　引

サンゴの白化
―失われるサンゴ礁の海とそのメカニズム―

定価はカバーに表示してあります。

2020 年 2 月 8 日　初版発行

共編著　中村　崇・山城秀之
発行者　小川典子
印　刷　株式会社暁印刷
製　本　東京美術紙工協業組合

発行所　㈱　成山堂書店

〒 160-0012　東京都新宿区南元町 4 番 51　成山堂ビル
TEL：03（3357）5861　　Fax：03（3357）5867
URL　http://www.seizando.co.jp
落丁・乱丁本はお取り換えいたしますので，小社営業チーム宛にお送りください。

成山堂書店の海に学び環境を知るための本

スキンダイビング・セーフティ（2訂版）
― スノーケリングからフリーダイビングまで ―

岡本美鈴・千足耕一・
藤本浩一・須賀次郎 共著
四六判・264 頁・定価 本体 1,800 円 （税別）

安全に楽しむには，正しい知識の習得が必要。日本水中科学協会に所属する 4 人のプロによる安全指導書。

サンゴ
知られざる世界

琉球大学熱帯生物圏研究センター 教授
山城秀之 緒
A5 判 180 頁 定価 本体 2,200 円 （税別）

図鑑にも使え，地球環境変化の指標となっているサンゴの不思議な生態を明らかにする。

改訂増補 南極読本
― ペンギン、海氷、オーロラ、隕石、南極観測のすべてがわかる ―

南極 OB 会編集委員会 編
A5 判・240 頁・定価 本体 3,000 円 （税別）

探検の歴史，気象，地理，生物，物理観測，昭和基地の生活を南極観測隊員が紹介，解説。

北極読本
― 歴史から自然科学，国際関係まで ―

南極 OB 会編集委員会 編
A5 判・220 頁・定価 本体 3,000 円 （税別）

北極圏の生物・地理・民俗等の様々な分野にわたり，極地の専門家の実体験や経験を紹介，解説。